Formeln und Tabellen zur Technischen Mechanik

Lehr- und Lernsystem Technische Mechanik

- **Technische Mechanik (Lehrbuch)**
  von A. Böge

- **Aufgabensammlung Technische Mechanik**
  von A. Böge und W. Schlemmer

- **Lösungen zur Aufgabensammlung Technische Mechanik**
  von A. Böge und W. Schlemmer

- **Formeln und Tabellen zur Technischen Mechanik**
  von A. Böge

Alfred Böge

Formeln und Tabellen zur Technischen Mechanik

23., überarbeitete und erweiterte Auflage

Unter Mitarbeit von Wolfgang Böge, Gert Böge
und Walter Schlemmer (verst.)

Springer Vieweg

Alfred Böge (verst.)

ISBN 978-3-658-02070-5 ISBN 978-3-658-02071-2 (eBook)
DOI 10.1007/978-3-658-02071-2

Die Deutsche Nationalbibliothek verzeichnet diese Publikation in der Deutschen Nationalbibliografie; detaillierte bibliografische Daten sind im Internet über http://dnb.d-nb.de abrufbar.

Springer Vieweg

Lektorat: Thomas Zipsner/Imke Zander
Bilder: Graphik & Text Studio Dr. Wolfgang Zettlmeier, Barbing
Satz: Klementz Publishing Services, Freiburg

Gedruckt auf säurefreiem und chlorfrei gebleichtem Papier

Springer Vieweg ist eine Marke von Springer DE. Springer DE ist Teil der Fachverlagsgruppe Springer Science+Business Media.
www.springer-vieweg.de

Alfred Böge †

Am 21. Juni 2012 verstarb der Herausgeber und Autor Alfred Böge im Alter von 92 Jahren. Für seinen Verlag Springer Vieweg schrieb er zahlreiche Lehr- und Fachbücher, darunter so bekannte und geschätzte Werke wie das Handbuch Maschinenbau und das Lehr- und Lernsystem zur Technische Mechanik. In seiner über fünfzig Jahre währenden Schaffenszeit beim Verlag Springer Vieweg wurde „der Böge" zum Markenzeichen und erreichte eine große Leserschaft bei Studierenden und Lehrern. Der Verlag und die mit ihm verbundenen Autorinnen und Autoren trauern um Alfred Böge.

Alle seine Bücher zeichneten sich durch eine ausgefeilte Didaktik und Methodik aus. Darin gelang es ihm, auch äußerst komplexe technische Zusammenhänge einfach und präzise darzulegen. Er half damit Generationen von Studierenden, die für ihr Berufsleben wichtigen Grundlagen der Technik begreifen und beherrschen zu können – bis heute.

Viele Jahre unterrichtete Alfred Böge an der Technikerakademie Braunschweig. Als Lehrer, der selbst nie aufgehört hat weiterzulernen, war er allen seinen Kollegen ein nimmermüder und kompetenter Ratgeber.

Alfred Böge war ein engagierter Herausgeber, ein Denker und Macher – und hatte dabei stets seine Leser im Blick. Klar und verständlich, so sollte jedes seiner Bücher formuliert sein – dies war sein Anspruch an sich selbst.

Gemeinsam werden wir sein Lebenswerk in seinem Sinn fortführen.

Seine Söhne

Wolfgang und Gert Böge

Vorwort zur 23. Auflage

Diese Formelsammlung ist Teil des vierbändigen Lehr- und Lernsystems TECHNISCHE MECHANIK von *Alfred Böge* für Studierende an Fach- und Fachhochschulen. Sie enthält die physikalischen, mathematischen und technischen Daten (Gleichungen, Tabellen, Diagramme) zum Lösen der Aufgaben aus der Aufgabensammlung.

Die vier Bücher sind in jeder Auflage inhaltlich aufeinander abgestimmt. Im Lehrbuch sind nach jedem größeren Bearbeitungsschritt die Nummern der zugehörigen Aufgaben angegeben. Entsprechend der Bearbeitung des Kapitels Hydrodynamik im Lehrbuch wurden die Formeln zu den drei Erhaltungssätzen für Masse, Energie, Impuls neu aufgenommen.

Das Lehr- und Lernsystem TECHNISCHE MECHANIK hat sich auch an Fachgymnasien Technik, Fachoberschulen Technik, Berufliche Oberschulen, Bundeswehrfachschulen und in Bachelor-Studiengängen bewährt. In Österreich wird damit an den Höheren Technischen Lehranstalten gearbeitet.

Neu in der jetzt vorliegenden 23. Auflage ist ein Glossar. Es enthält in komprimierter Form Erläuterungen der wichtigsten in der Formelsammlung auftretenden physikalischen Größen.

Die aktuellen Auflagen des Lehr- und Lernsystems sind

- Lehrbuch 30. Auflage
- Aufgabensammlung 21. Auflage
- Lösungsbuch 16. Auflage
- Formelsammlung 23. Auflage.

Bedanken möchte ich mich beim Lektorat Maschinenbau des Verlags Springer Vieweg, insbesondere bei Frau Imke Zander und den Herren Thomas Zipsner für ihre engagierte und immer förderliche Zusammenarbeit bei der Realisierung der vorliegenden Auflage.

Für Zuschriften steht die E-Mail-Adresse w_boege@t-online.de zur Verfügung.

Wolfenbüttel, Juni 2013 *Wolfgang Böge*

Inhalt

1.1 Zentrales Kräftesystem

Wie wird *rechnerisch* die Resultierende F_r ermittelt?

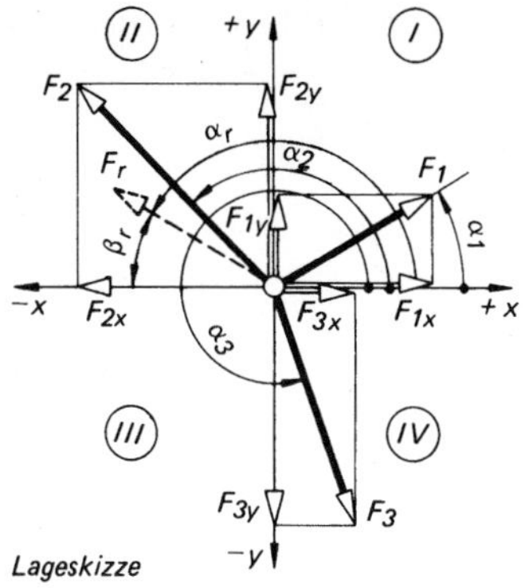

Lageskizze mit den Komponenten der gegebenen Kräfte zeichnen:
mit folgender Tabelle die Komponenten F_x, F_y für jede Kraft berechnen:

n	F_n	α_n	$F_{nx} = F_n \cos\alpha_n$	$F_{ny} = F_n \sin\alpha_n$
1	8 N	30°	6,928 N	4N

Für α_n ist immer der Winkel einzusetzen, den die Kraft F_n mit der positiven x-Achse einschließt (Richtungswinkel).
Die Teilresultierenden F_{rx} und F_{ry} ergeben sich durch algebraische Addition:

$$F_{rx} = F_{1x} + F_{2x} + \dots F_{nx} \qquad F_{ry} = F_{1y} + F_{2y} + \dots F_{ny}$$

Die Resultierende $F_r = \sqrt{F_{rx}^2 + F_{ry}^2}$ und deren Neigungswinkel β_r zur x-Achse berechnen:

$$\beta_r = \arctan\frac{|F_{ry}|}{|F_{rx}|}$$

Quadrantenlage und Richtungswinkel α_r aus den Vorzeichen von F_{rx} und F_{ry} bestimmen.

Wie werden *rechnerisch* unbekannte Kräfte ermittelt?
Es muss sein:

I. $\Sigma F_x = 0$
II. $\Sigma F_y = 0$

(Vorzeichen beachten)

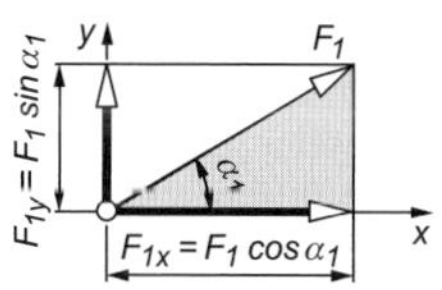

Lageskizze mit den Komponenten aller Kräfte zeichnen, auch der noch unbekannten; für diese zunächst den Richtungssinn annehmen;
die Komponenten F_{nx} und F_{ny} der gegebenen Kräfte berechnen:

$$F_{nx} = F_n \cos\alpha_n \qquad F_{ny} = F_n \sin\alpha_n$$

α_n = spitzer Winkel zur x-Achse Vorzeichen (+) oder (–) aus der Lageskizze;
Gleichgewichtsbedingungen mit Hilfe der Lageskizze ansetzen (Vorzeichen beachten);
Gleichungen auflösen (bei negativem Vorzeichen war der angenommene Richtungssinn falsch; Gegensinn);
gefundene Kraftrichtungen in den Lageplan übertragen.

Wie wird *zeichnerisch* die Resultierende F_r ermittelt?

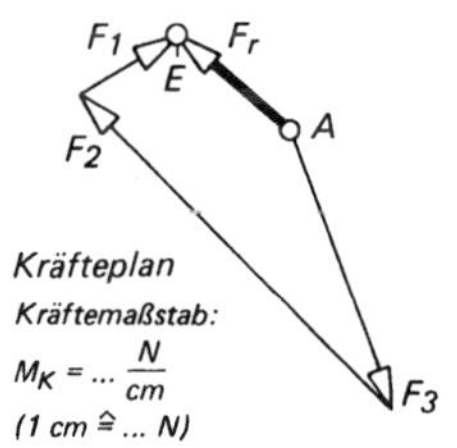

Lageplan des frei gemachten Körpers mit den Wirklinien der gegebenen Kräfte zeichnen;
Kräfteplan der gegebenen Kräfte F_1, F_2, F_3 zeichnen durch Parallelverschiebung der Wirklinien aus dem Lageplan in den Kräfteplan;
Kräfte F_1, F_2 F_3 in beliebiger Reihenfolge maßstabgerecht aneinander reihen, sodass sich ein fortlaufender Kräftezug ergibt;
Resultierende F_r zeichnen als Verbindungslinie *vom* Anfangspunkt A der zuerst gezeichneten *zum* Endpunkt E der zuletzt gezeichneten Kraft.

Wie werden *zeichnerisch* unbekannte Kräfte ermittelt?

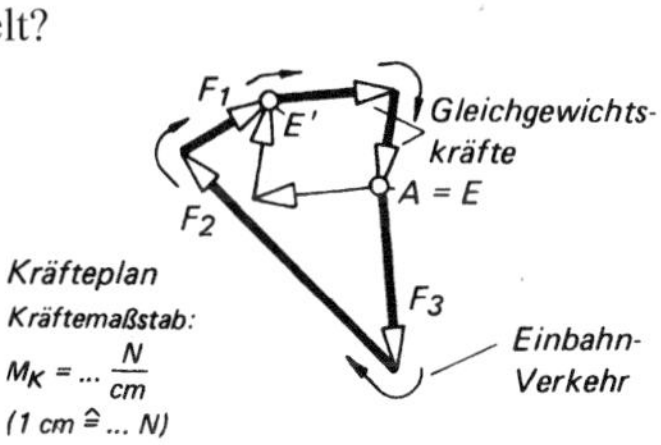

Lageplan des frei gemachten Körpers mit den Wirklinien aller Kräfte zeichnen, auch der noch unbekannten; Kräfteplan der gegebenen Kräfte zeichnen durch Parallelverschiebung der Wirklinien aus dem Lageplan in den Kräfteplan;
Krafteck mit den Wirklinien der gesuchten Gleichgewichtskräfte „schließen" (Einbahnverkehr); Richtungssinn der gefundenen Kräfte im Kräfteplan ablesen und in den Lageplan übertragen.

1.2 Momentensatz, rechnerisch und zeichnerisch

Wie wird *rechnerisch* die Resultierende F_r ermittelt?

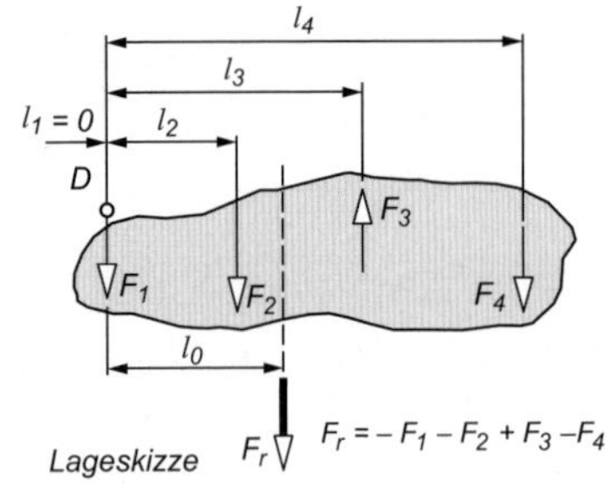

Betrag und *Richtungssinn* der Resultierenden F_r ebenso bestimmen wie beim zentralen Kräftesystem;

Lage der Resultierenden berechnen nach dem *Momentensatz*:

$$F_r l_0 = F_1 l_1 + F_2 l_2 + \dots F_n l_n$$

darin sind

$F_1, F_2, \dots, F_n$	die gegebenen Kräfte oder deren Komponenten F_x und F_y
$l_1, l_2, \dots, l_n$	deren Wirkabstände vom gewählten (beliebigen) Bezugspunkt D
l_0	der Wirkabstand der Resultierenden vom gewählten Bezugspunkt
$F_1 l_1, F_2 l_2, \dots, F_n l_n$	die Momente der gegebenen Kräfte für den gewählten Bezugspunkt (Vorzeichen beachten).

Wie wird *zeichnerisch* die Resultierende F_r ermittelt? (*Seileckverfahren*)

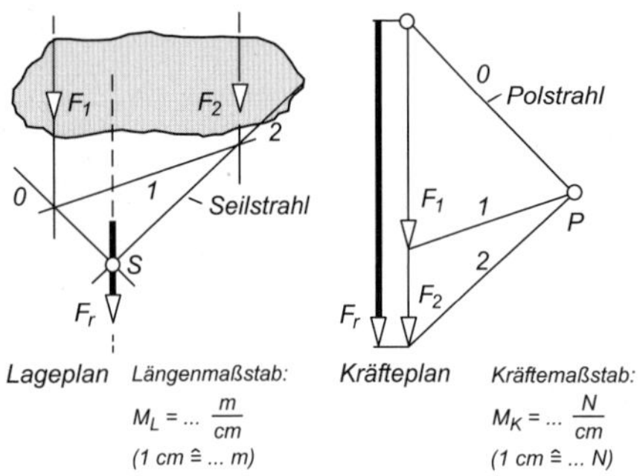

Lageplan des frei gemachten Körpers mit den Wirklinien der gegebenen Kräfte zeichnen;
Kräfteplan der gegebenen Kräfte F_1, F_2 zeichnen durch Parallelverschiebung der Wirklinien aus dem Lageplan in den Kräfteplan;
Resultierende F_r zeichnen als Verbindungslinie *vom* Anfangspunkt *zum* Endpunkt des Kräftezugs; damit liegen Betrag und Richtungssinn von F_r fest;
Polpunkt P beliebig wählen und Polstrahlen zeichnen;
Seilstrahlen im Lageplan zeichnen durch Parallelverschiebung aus dem Kräfteplan, dabei ist der Anfangspunkt beliebig;
Anfangs- und Endseilstrahl zum Schnitt S bringen;
Schnittpunkt der Seilzugenden ergibt Lage von F_r im Lageplan, *Betrag* und *Richtungssinn* aus dem Kräfteplan.

1.3 3-Kräfte-Verfahren

Drei nichtparallele Kräfte sind im Gleichgewicht, wenn das Kraftceck geschlossen ist und die Wirklinien sich in einem Punkt schneiden.

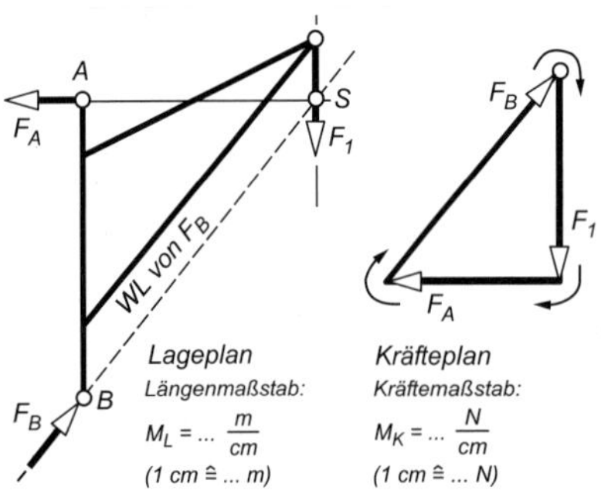

Lageplan des frei gemachten Körpers zeichnen und damit die Wirklinien der Belastungen und der einwertigen Lagerkraft F_1 festlegen; bekannte Wirklinien zum Schnitt S bringen;
Schnittpunkt S mit zweiwertigem Lagerpunkt B verbinden, womit alle Wirklinien bekannt sein müssen;
Krafteck mit nach Betrag, Lage und Richtungssinn bekannter Kraft F_1 beginnen; Krafteck zeichnen (schließen);
Richtungssinn der gefundenen Kräfte in den Lageplan übertragen.

1.4 4-Kräfte-Verfahren

Vier nichtparallele Kräfte sind im Gleichgewicht, wenn die Resultierenden je zweier Kräfte ein geschlossenes Krafteck bilden und eine gemeinsame Wirklinie (die Culmann'sche Gerade) haben.

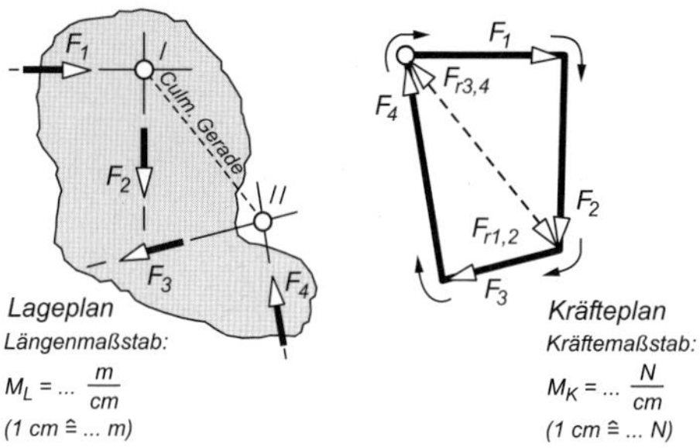

Lageplan des frei gemachten Körpers zeichnen und damit die Wirklinien der Belastungen und Lagerkräfte festlegen;

Wirklinien je zweier Kräfte zum Schnitt I und II bringen; gefundene Schnittpunkte zur Wirklinie der beiden Resultierenden verbinden (der Culmann'schen Geraden);

Kräfteplan mit der nach Betrag, Lage und Richtungssinn bekannten Kraft beginnen;

Die Kräfte eines Schnittpunkts im Lageplan ergeben ein Teildreieck im Kräfteplan.

1.5 Schlusslinienverfahren

ist universell anwendbar, insbesondere für parallele Kräfte bzw. solche, die sich nicht auf dem Zeichenblatt zum Schnitt bringen lassen.

Seileck und Krafteck müssen sich schließen.

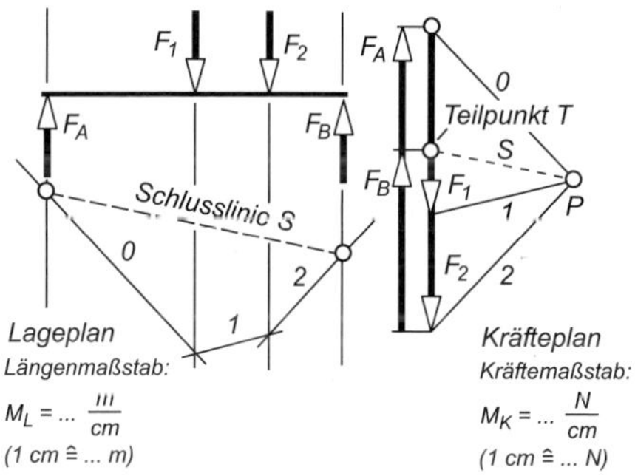

Lageplan des frei gemachten Körpers mit Wirklinien aller Kräfte zeichnen;

Krafteck aus den gegebenen Belastungskräften zeichnen;

Pol P beliebig wählen;

Polstrahlen zeichnen;

Seilstrahlen im Lageplan zeichnen, Anfangspunkt bei parallelen Kräften beliebig, sonst Anfangsseilstrahl durch Lagerpunkt des zweiwertigen Lagers legen;

Anfangs- und Endseilstrahl mit den Wirklinien der Stützkräfte zum Schnitt bringen;

Verbindungslinie der gefundenen Schnittpunkte als „Schlusslinie" im Seileck zeichnen;

Schlusslinie S in den Kräfteplan übertragen und damit Teilpunkt T festlegen;

Stützkräfte nach zugehörigen Seilstrahlen in das Krafteck einzeichnen.

1.6 Rechnerische Gleichgewichtsbedingungen

Wie werden *rechnerisch* unbekannte Kräfte ermittelt?

Es muss sein:

$$\text{I. } \Sigma F_x = 0 \qquad \Sigma M_{(I)} = 0$$
$$\text{II. } \Sigma F_y = 0 \quad \text{oder} \quad \Sigma M_{(II)} = 0$$
$$\text{III. } \Sigma M = 0 \qquad \Sigma M_{(III)} = 0$$

Die Momentengleichgewichtsbedingungen können für jeden beliebigen Punkt (auch außerhalb des Körpers) angesetzt werden.

Lageskizze des frei gemachten Körpers zeichnen; rechtwinkliges Achsenkreuz so legen, dass möglichst wenig Kräfte zerlegt werden müssen;

alle Kräfte – auch die noch unbekannten – in ihre Komponenten zerlegen;

Gleichgewichtsbedingungen ansetzen;

Meist enthält Gleichung III nur eine Unbekannte; damit beginnen.

Auch der dreimalige Ansatz der Momentengleichgewichtsbedingung führt zum Ziel. Aber: Die drei Punkte I, II, III dürfen nicht auf einer Geraden liegen.

1 Statik

1.7 Knotenschnittverfahren

In der Aufgabenskizze die Knoten kennzeichnen und die Stäbe nummerieren. Lageskizze des freigemachten Fachwerkträgers zeichnen. Stützkräfte mit

$\Sigma F_x = 0, \Sigma F_y = 0, \Sigma M = 0$

berechnen. Stabwinkel aus der Lageskizze berechnen. Alle Kräfte in ein rechtwinkliges Koordinatensystem eintragen. Beginnen mit dem Knoten, der nur zwei unbekannte Stabkräfte hat. Pfeilrichtung immer vom Knoten weg. Mit

$\Sigma F_x = 0$ und $\Sigma F_y = 0$

die Stabkräfte berechnen. Vorzeichen in Folgerechnungen mitnehmen.

Lageskizze

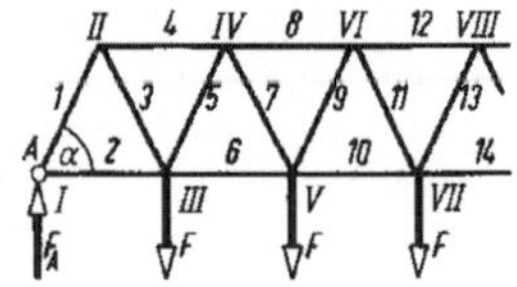

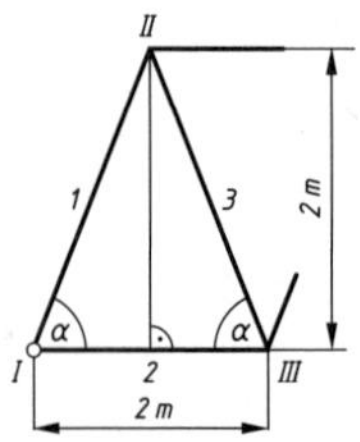

Berechnung der Stabwinkel

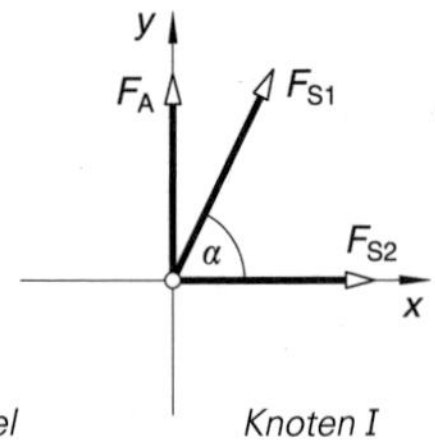

Knoten I

1.8 Culmann'sches Schnittverfahren (zeichnerische Bestimmung einzelner Stabkräfte)

Lageplan des Fachwerks zeichnen; Stützkräfte bestimmen; Fachwerk durch Schnitt in zwei Teile (A) und (B) zerlegen: Schnitt darf höchstens drei Stäbe treffen (4, 5, 6), die nicht zum selben Knoten gehören; für einen Schnittteil (B) die Resultierende (F) der äußeren Kräfte (einschließlich der Stützkräfte) bestimmen; Resultierende (F) mit einer der gesuchten Stabkräfte zum Schnitt (II) bringen; Verbindungslinie zwischen diesem und dem Schnittpunkt (I) der beiden anderen gesuchten Stabkräfte ist die Culmann'sche Gerade l, nach „4-Kräfte-Verfahren" das Krafteck zeichnen.

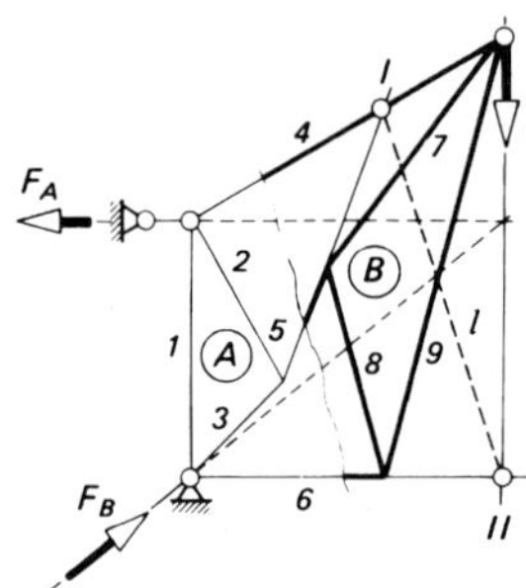

Lageplan

Längenmaßstab:

$M_L = \dots \frac{m}{cm}$

(1 cm ≙ … m)

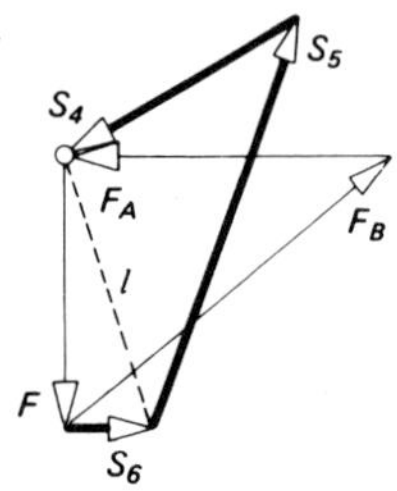

Kräfteplan

Kräftemaßstab:

$M_K = \dots \frac{m}{cm}$

(1 cm ≙ … N)

1.9 Ritter'sches Schnittverfahren (zeichnerische Bestimmung einzelner Stabkräfte)

Lageskizze des Fachwerks zeichnen; Stützkräfte bestimmen; Fachwerk wie bei „Culmann" zerlegen und die drei unbekannten Stabkräfte als Zugkräfte annehmen; Stäbe, für die die Rechnung *negative* Beträge ergibt, sind *Druck*stäbe. Wirkabstände, l_1, l_2 … berechnen oder aus dem Lageplan abgreifen: Momentengleichgewichtsbedingungen für ein Schnittteil (B) ansetzen (mit den gesuchten drei Stabkräften und den äußeren Kräften am Schnittteil), z.B. um Drehpunkt D für Fachwerkteil B:

$\Sigma M_{(D)} = + F\, l_F - S_4\, l_4$ und daraus $S_4 = \dfrac{F\, l_F}{l_4}$

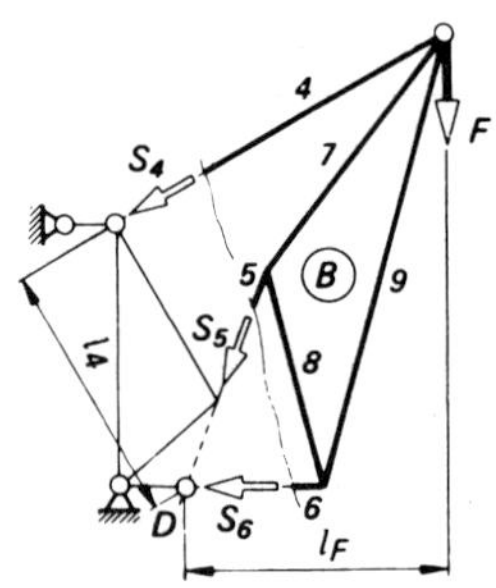

Lageskizze

1.10 Schwerpunktsbestimmung

Die Lage des Schwerpunkts einer beliebigen Linie oder Fläche wird

rechnerisch mit dem darauf zugeschnittenen *Momentensatz* (1.2) bestimmt,
zeichnerisch mit dem *Seileckverfahren* (1.2).

Dabei fasst man die Einzellinien oder Einzelflächen als parallele Kräfte auf und bestimmt den Wirkabstand der Resultierenden von einer beliebigen Bezugsachse. Das ist dann der gesuchte Schwerpunktsabstand.

Momentensatz für zusammengesetzte Flächen (Bohrungen haben entgegengesetzten Drehsinn)

$$A\,x_0 = A_1 x_1 + A_2 x_2 + \ldots + A_n x_n$$
$$A\,y_0 = A_1 y_1 + A_2 y_2 + \ldots + A_n y_n$$

n	A_n	x_n	y_n	$A_n x_n$	$A_n y_n$
1					
2					
3					
	$A = \Sigma A_n$			$\Sigma A_n x_n =$	$\Sigma A_n y_n =$

$A_1, A_2 \ldots$ die bekannten Teilflächen in mm^2 oder cm^2

$x_1, x_2 \ldots$, $y_1, y_2 \ldots$ die bekannten Schwerpunktsabstände der Teilflächen von den Bezugsachsen in mm oder cm

A die Gesamtfläche ($A_1 + A_2 + \ldots + A_n$) in mm^2 oder cm^2

x_0, y_0 die Schwerpunktsabstände der Gesamtfläche von den Bezugsachsen in mm oder cm

Momentensatz für zusammengesetzte Linienzüge

$$l\,x_0 = l_1 x_1 + l_2 x_2 + \ldots + l_n x_n$$
$$l\,y_0 = l_1 y_1 + l_2 y_2 + \ldots + l_n y_n$$

n	l_n	x_n	y_n	$l_n x_n$	$l_n y_n$
1					
2					
3					
	$l = \Sigma l_n$			$\Sigma l_n x_n =$	$\Sigma l_n y_n =$

$l_1, l_2 \ldots$ die bekannten Teillängen in mm oder cm

$x_1, x_2 \ldots$, $y_1, y_2 \ldots$ die bekannten Schwerpunktsabstände der Teillinien von den Bezugsachsen in mm oder cm

l die Gesamtlänge ($l_1 + l_2 + \ldots + l_n$) des Linienzugs in mm oder cm

x_0, y_0 die Schwerpunktsabstände des Linienzugs von den Bezugsachsen in mm oder cm

1.11 Flächenschwerpunkt

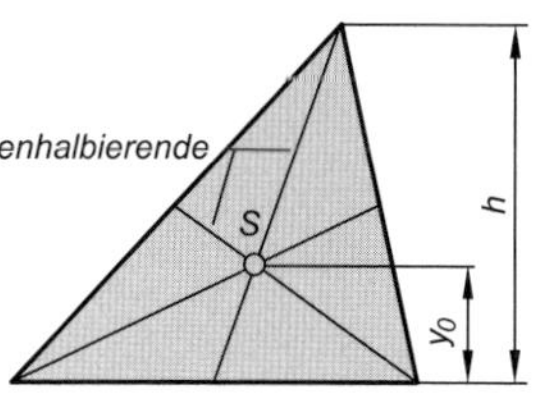

$$y_0 = \frac{h}{3}$$

Dreiecksschwerpunkt

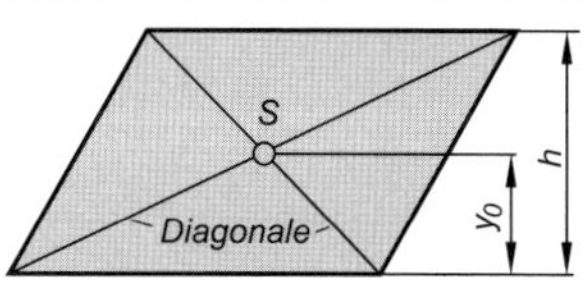

$$y_0 = \frac{h}{2}$$

Parallelogrammschwerpunkt

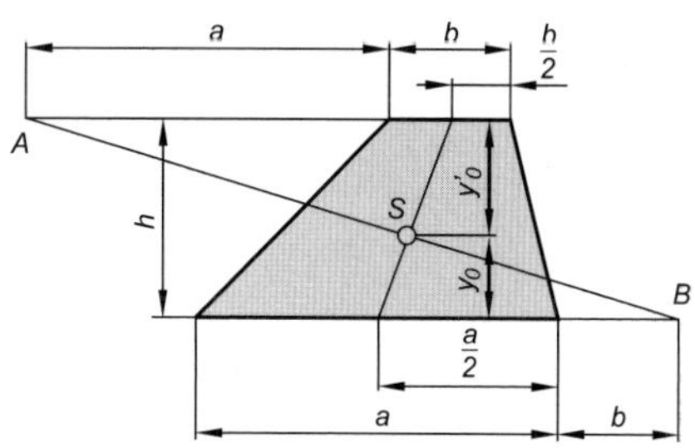

Trapezschwerpunkt

$$y_0 = \frac{h}{3} \cdot \frac{a + 2b}{a + b} \qquad y'_0 = \frac{h}{3} \cdot \frac{2a + b}{a + b}$$

1 Statik

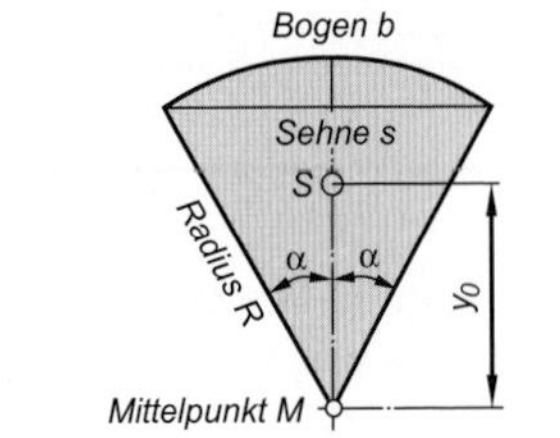

Kreisausschnitt-Schwerpunkt

$$y_0 = \frac{2}{3} \cdot \frac{Rs}{b} \qquad b = \frac{2R\alpha^\circ \pi}{180^\circ} \qquad s = 2R\sin\alpha$$

$y_0 = 0{,}4244\,R$ für Halbkreisfläche
$y_0 = 0{,}6002\,R$ für Viertelkreisfläche
$y_0 = 0{,}6366\,R$ für Sechstelkreisfläche

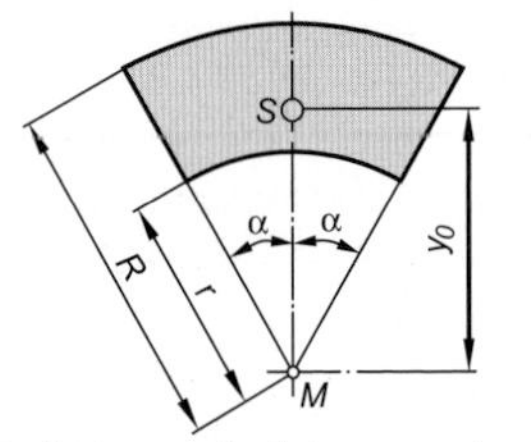

Kreisringstück-Schwerpunkt

$$y_0 = 38{,}197 \cdot \frac{(R^3 - r^3)\sin\alpha}{(R^2 - r^2)\,\alpha^\circ}$$

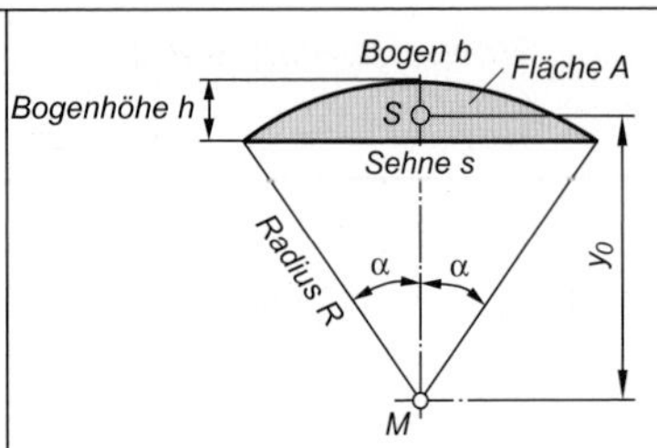

Kreisabschnitt-Schwerpunkt

$$y_0 = \frac{s^3}{12A}$$

$$A = \frac{R(b - s) + sh}{2}$$

$$h = 2R\sin^2(\alpha/2)$$

1.12 Linienschwerpunkt

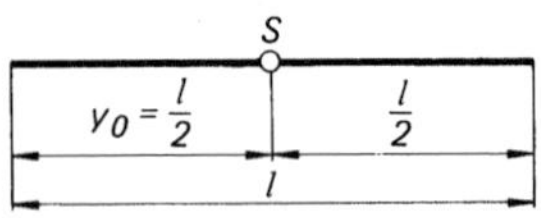

Strecke

$$x_0 = \frac{l}{2}$$

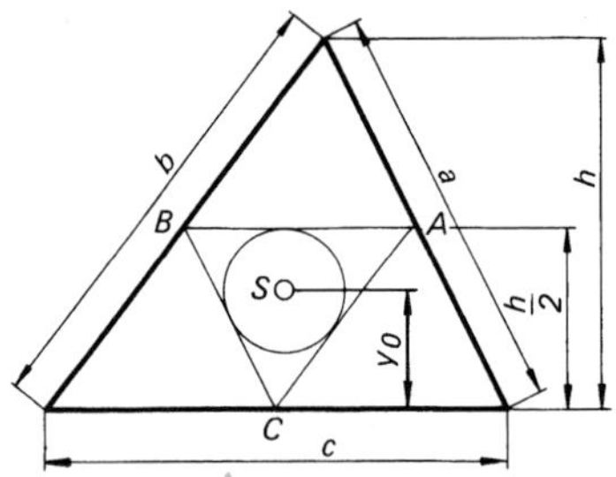

Dreiecksumfang

$$y_0 = \frac{h}{2} \cdot \frac{a+b}{a+b+c}$$

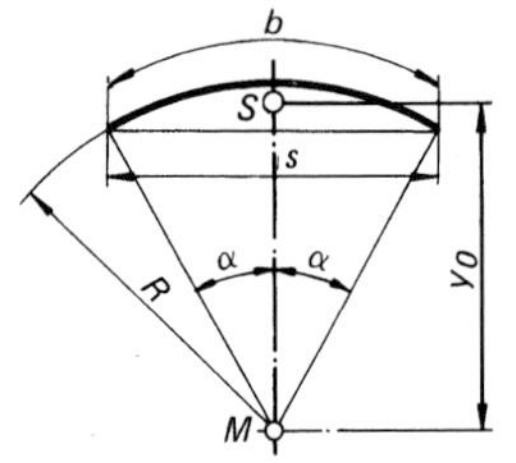

Kreisbogen

$$y_0 = \frac{Rs}{b} \qquad b = \frac{2R\alpha^\circ \pi}{180^\circ} \qquad s = 2R\sin\alpha$$

$y_0 = 0{,}6366\,R$ für Halbkreisbogen
$y_0 = 0{,}9003\,R$ für Viertelkreisbogen
$y_0 = 0{,}9549\,R$ für Sechstelkreisbogen

1.13 Guldin'sche Regel

für Mantelfläche (Oberfläche) A

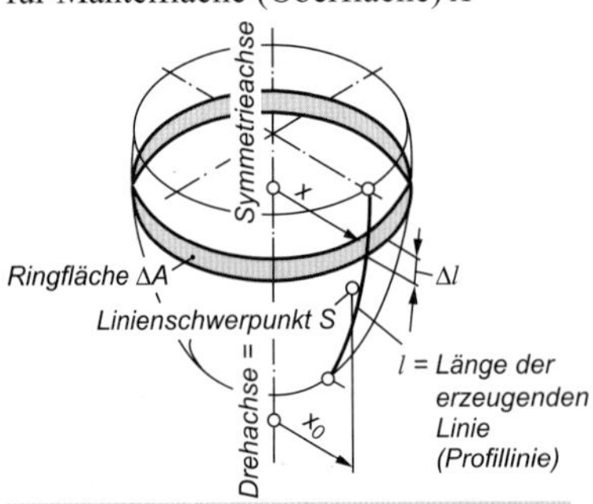

Mantelfläche $A = 2\pi\, l\, x_0 = 2\pi\, \Sigma\, \Delta\, l\, x$

Hinweis:

Die Produkte lx_0 und Ax_0 werden mit dem Momentensatz (Seite 5) berechnet.

für Körperinhalt (Volumen) V

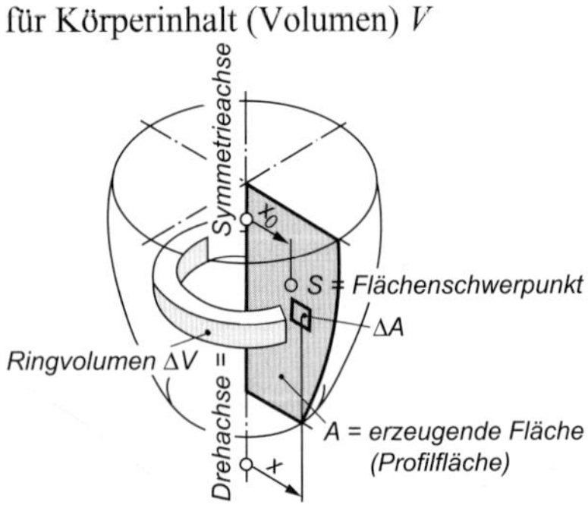

Volumen $V = 2\pi\, Ax_0 = 2\pi\, \Sigma\, \Delta\, Ax$

1.14 Reibung, allgemein

Reibungskraft F_R = Normalkraft F_N · Reibungszahl μ

$$F_R = F_N \mu$$

maximale Haftreibungskraft $F_{R0\,max}$ = Normalkraft F_N · Haftreibungszahl μ_0

$$F_{R0\,max} = F_N \mu_0$$

Reibungszahl $\mu = \tan \varrho$

ϱ Reibungswinkel

Haftreibungszahl $\mu_0 = \tan \varrho_0$

ϱ_0 Haftreibungswinkel

Reibungszahlen μ_0 und μ
(Klammerwerte sind die Gradzahlen für die Winkel ϱ_0 und ϱ)

Beachte:
$\varrho = \arctan \mu$

Werkstoff	Haftreibungszahl μ_0		Gleitreibungszahl μ	
	trocken	gefettet	trocken	gefettet
Stahl auf Stahl	0,2 (11,3)	0,1 (5,7)	0,15 (8,5)	0,05 (2,9)
Stahl auf Gusseisen (GJL)	0,2 (11,3)	0,15 (8,5)	0,18 (10,2)	0,1 (5,7)
Stahl auf CuSn-Legierung	0,2 (11,3)	0,1 (5,7)	0,1 (5,7)	0,05 (2,9)
Stahl auf PbSn-Legierung	0,15 (8,5)	0,1 (5,7)	0,1 (5,7)	0,04 (2,3)
Stahl auf Polyamid	0,3 (16,7)	0,15 (8,5)	0,3 (16,7)	0,08 (4,6)
Stahl auf Reibbelag	0,6 (31)	0,3 (16,7)	0,5 (26,6)	0,04 (2,3)
Stahl auf Holz	0,6 (31)	0,1 (5,7)	0,4 (21,8)	0,05 (2,9)
Holz auf Holz	0,5 (26,6)	0,2 (11,3)	0,3 (16,7)	0,1 (5,7)
Gummiriemen auf Gusseisen (GJL)	–	–	0,4 (21,8)	–
PU-Flachriemen mit Lederbelag auf Gusseisen (GJL)	–	–	0,3 (16,7)	–
Wälzkörper auf Stahl	–	–	–	0,002 (0,1)
Gusseisen auf CuSn-Legierung	0,3 (16,7)	0,15 (8,5)	0,18 (10,2)	0,1 (5,7)

1.15 Reibung auf der schiefen Ebene

1.15.1 Allgemeine Fälle

Verschieben nach oben

$$F = F_G \frac{\sin \alpha + \mu \cos \alpha}{\cos(\beta - \alpha) + \mu \sin(\beta - \alpha)}$$

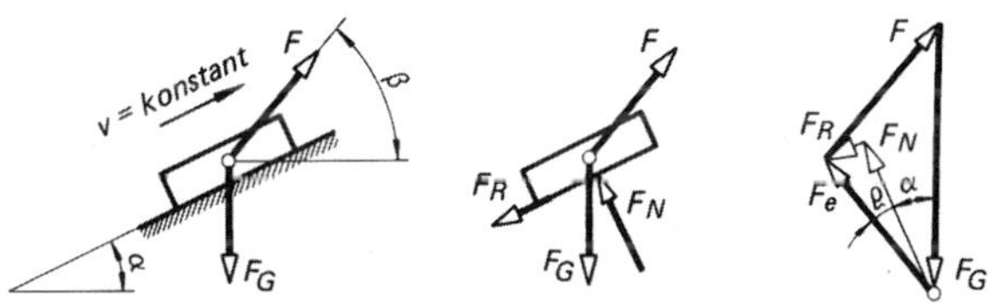

Halten auf der Ebene

$$F = F_G \frac{\sin \alpha - \mu_0 \cos \alpha}{\cos(\beta - \alpha) - \mu_0 \sin(\beta - \alpha)}$$

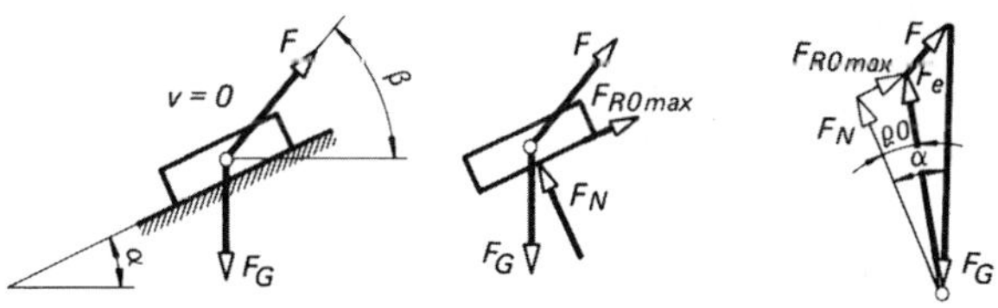

Verschieben nach unten

$$F = F_G \frac{\sin \alpha - \mu \cos \alpha}{\mu \sin(\beta - \alpha) - \cos(\beta - \alpha)}$$

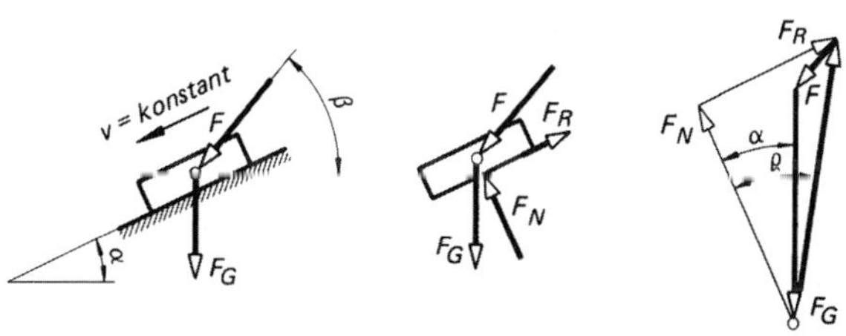

1.15.2 Spezielle Fälle

(*Hinweis:* $\varrho = \arctan \mu$ und $\varrho_0 = \arctan \mu_0$)

Kraft *F* wirkt parallel zur schiefen Ebene

Verschieben nach oben

$$F = F_G \frac{\sin(\alpha + \varrho)}{\cos \varrho}$$

$$F = F_G(\sin \alpha + \mu \cos \alpha)$$

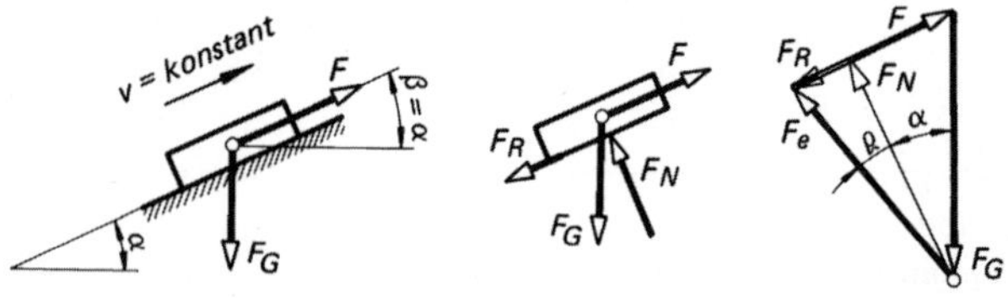

Halten auf der Ebene

$$F = F_G \frac{\sin(\alpha - \varrho_0)}{\cos \varrho_0}$$

$$F = F_G(\sin \alpha - \mu_0 \cos \alpha)$$

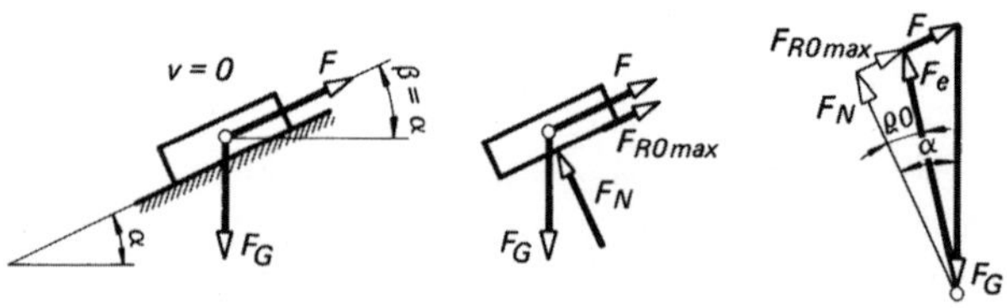

Verschieben nach unten

$$F = F_G \frac{\sin(\varrho - \alpha)}{\cos \varrho}$$

$$F = F_G(\mu \cos \alpha - \sin \alpha)$$

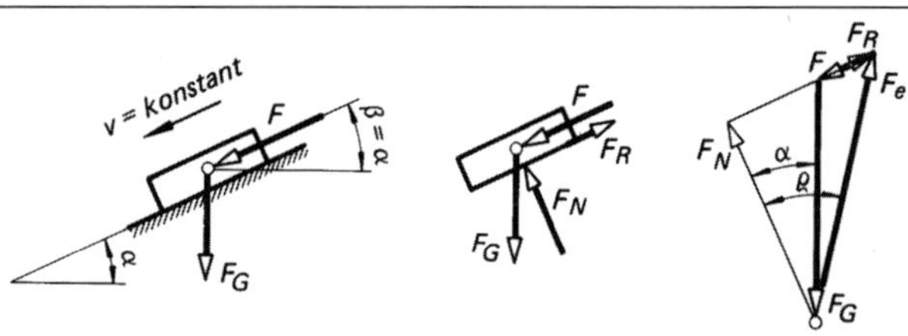

Kraft *F* wirkt waagerecht

Verschieben nach oben

$$F = F_G \tan(\alpha + \varrho)$$

$$F = F_G \frac{\sin \alpha + \mu \cos \alpha}{\cos \alpha - \mu \sin \alpha}$$

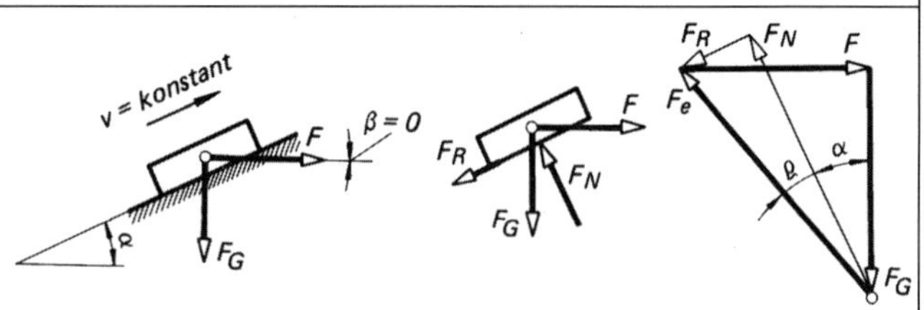

Halten auf der Ebene

$$F = F_G \tan(\alpha - \varrho_0)$$

$$F = F_G \frac{\sin \alpha - \mu_0 \cos \alpha}{\cos \alpha + \mu_0 \sin \alpha}$$

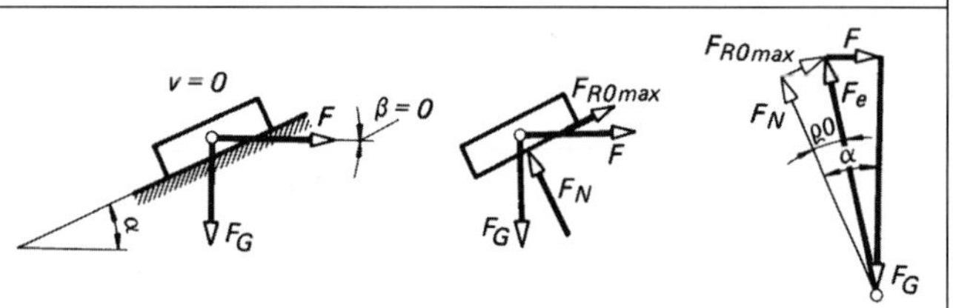

Verschieben nach unten

$$F = F_G \tan(\varrho - \alpha)$$

$$F = F_G \frac{\mu \cos \alpha - \sin \alpha}{\cos \alpha + \mu \sin \alpha}$$

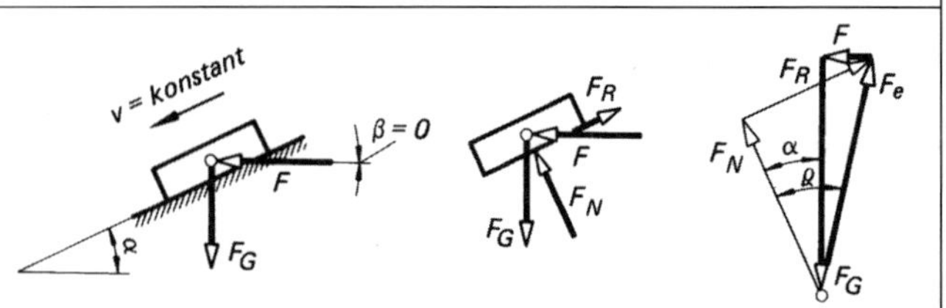

1.16 Zylinderführung

Die Führungsbuchse klemmt sich fest, solange die Wirklinie der resultierenden Verschiebekraft F durch die Überdeckungsfläche der beiden Reibungskegel geht. Dann stehen die Stützkräfte (= Ersatzkräfte aus Reibungskraft F_R und Normalkraft F_N) mit der Kraft F im Gleichgewicht; ihre Wirklinien schneiden sich in einem Punkt, der innerhalb der Überdeckungsfläche liegt.

Die drei Gleichgewichtsbedingungen ergeben:

I. $\Sigma F_x = 0 = +F_{R1} + F_{R2} - F$

II. $\Sigma F_y = 0 = +F_{N1} - F_{N2}$

also $F_{N1} = F_{N2}$ und damit auch $F_{R1} = F_{R2}$

III. $\Sigma M_{(II)} = 0 = -F_{R1}d + F_{N1}l - F(l_a - d/2)$

Mit $F_R = F_N\,\mu$ und $F = 2\,F_R$ aus Gleichung I wird Gleichung III weiterentwickelt:

$$\text{III.} \quad F_N\mu \cdot d - F_N l + 2F_N\mu\left(l_a - \frac{d}{2}\right) = 0$$

$$\mu d - l + 2\mu\, l_a - 2\mu\,\frac{d}{2} = 0$$

Daraus ergibt sich die *Führungslänge*

$$l = 2\mu\, l_a$$

l	l_a	μ
mm	mm	1

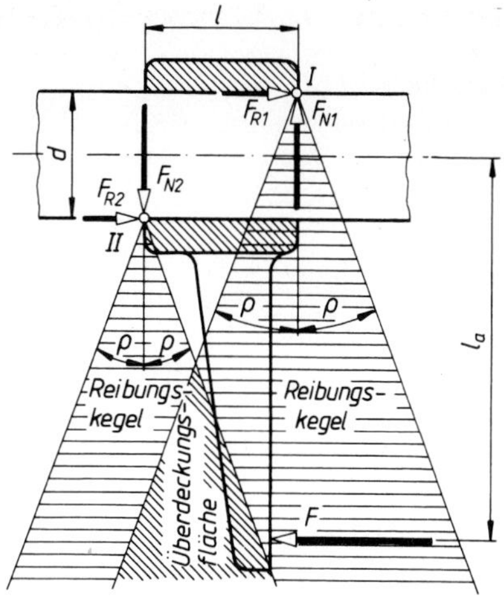

Kräfte an der Zylinderführung

Bei $l < 2\,\mu\,l_a$ klemmt sich die Buchse fest, bei $l > 2\mu\,l_a$ gleitet sie. Festklemmen oder Gleiten ist unabhängig von der verschiebenden Kraft F.

1.17 Prismenführung

$F, F_V, F_{N1}, F_{N2}, F_R$	μ, μ'
N	1

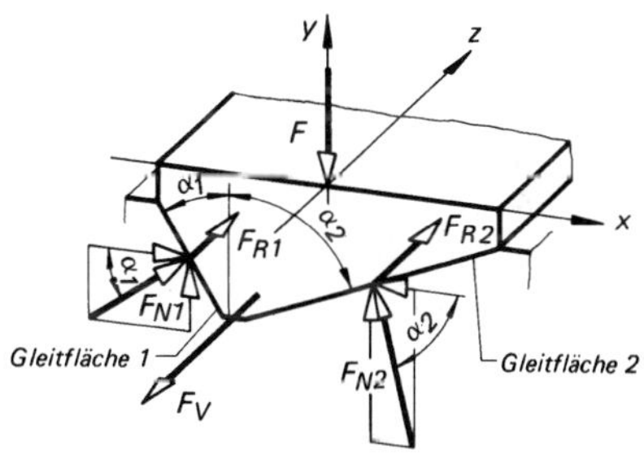

Verschiebekraft $\quad F_V = F\,\dfrac{\mu_1 \cos\alpha_2 + \mu_2 \cos\alpha_1}{\sin(\alpha_1 + \alpha_2)}$

Normalkräfte $\quad F_{N1} = F\,\dfrac{\cos\alpha_2}{\sin(\alpha_1 + \alpha_2)}$

$$F_{N2} = F_{N1}\,\frac{\cos\alpha_1}{\cos\alpha_2}$$

Reibungskräfte $\quad F_{R1} = F_{N1}\,\mu_1 \qquad F_{R2} = F_{N2}\,\mu_2$

Für die *symmetrische* Prismenführung ist $\alpha_1 = \alpha_2 = \alpha$

Normalerweise sind auch die Reibungszahlen gleich groß: $\mu_1 = \mu_2 = \mu$

Unter diesen Bedingungen wird:

Verschiebekraft (Reibungskraft F_R) $\quad F_V = F_R = F\mu'$

Keilreibungszahl $\quad \mu' = \dfrac{\mu}{\sin\alpha} \qquad \alpha$ ist der halbe Keilwinkel

1.18 Reibung an der Schraube

Umfangskraft $F_u = F \tan(\alpha \pm \varrho')$

F_u, F	M_{RG}, M_A	d_2, r_a, P
N	Nmm	mm

F_u Umfangskraft am Gewinde
F Schraubenlängskraft = Vorspannkraft

Gewindereibungsmoment $M_{RG} = F \frac{d_2}{2} \tan(\alpha \pm \varrho')$

Anzugsmoment $M_A = F \left[\frac{d_2}{2} \tan(\alpha \pm \varrho') + \mu_a r_a \right]$

(+) für Anziehen, (–) für Lösen

Hinweis:

$\varrho' = \arctan \mu' = \arctan \frac{\mu}{\cos(\beta/2)}$

Wirkungsgrad für Schraubgetriebe $\eta = \frac{\tan \alpha}{\tan(\alpha + \varrho')}$ Selbsthemmung des Schraubgetriebes bei $\eta \leq 0{,}5$

Auflagereibungsmoment $M_{Ra} = F_{Ra} r_a = F_{\mu a} r_a$

Größen am Gewinde siehe 5.1 und 5.2

d_2 Flankendurchmesser

$\alpha = \arctan \frac{P}{\pi d_2}$ P Steigung

$\tan \varrho' = \mu' = \frac{\mu}{\cos(\beta/2)}$

α Steigungswinkel des Gewindes
ϱ' Reibungswinkel im Gewinde (≈ 9° für Stahl auf Stahl)
β Flankenwinkel des Gewindes

μ_a Reibungszahl der Mutterauflage (1.14)
r_a Reibungsradius ≈ 0,7 d bei Sechskantmutter
d Gewindenenndurchmesser, z.B. bei M10: d = 10 mm

$\mu' \approx 0{,}16$ bei metrischem Regelgewinde und Stahl auf Stahl

1.19 Seilreibung (Werte für $e^{\mu\alpha}$ siehe 6.1)

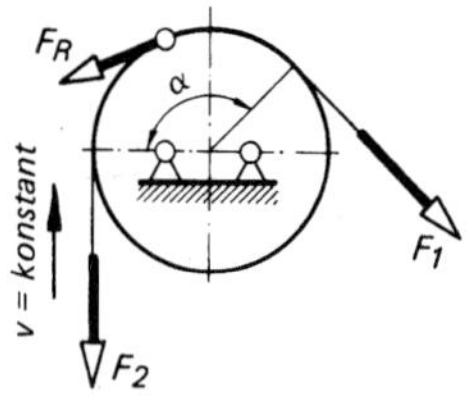

Seilzugkraft $F_1 = F_2 e^{\mu\alpha}$

Seilreibungskraft $F_R = F_1 - F_2 = F_2(e^{\mu\alpha} - 1) = F_1 \frac{e^{\mu\alpha} - 1}{e^{\mu\alpha}}$

Euler'sche Zahl $e = 2{,}71828$

1.20 Reibung am Tragzapfen (Querlager) 1.21 Reibung am Spurzapfen (Längslager)

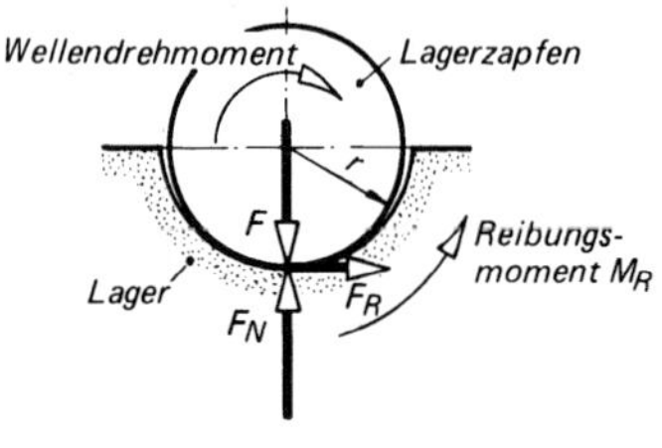

P_R	F_R	M_R	r	v	ω	μ
$W = \frac{Nm}{s}$	N	Nm	m	m/s	$\frac{rad}{s} = \frac{1}{s}$	1

μ Tragzapfenreibungszahl und Spurzapfenreibungszahl
$\mu \approx 0{,}002 \dots 0{,}01$

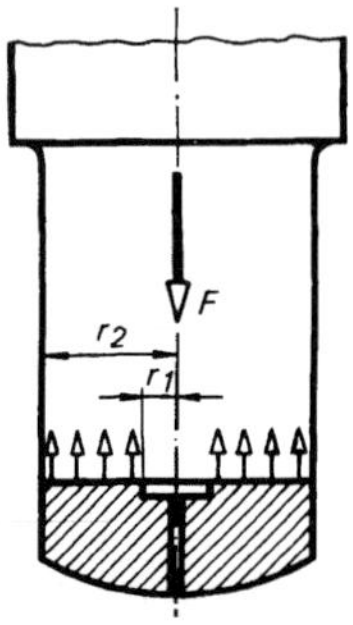

Lagerreibungskraft $F_R = F\mu$

Reibungsmoment $M_R = F_R r$
$M_R = F \mu r$

Reibungsleistung $P_R = F_R v$
$P_R = M_R \omega$

Reibungsmoment $M_R = F \mu r_m$

Reibungsleistung $P_R = M_R \omega$

Wirkungsradius der Reibungskraft $r_m = \frac{r_1 + r_2}{2}$

1.22 Bremsen

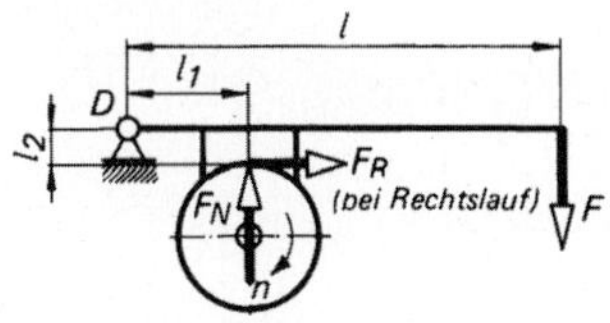

$$F = F_N \frac{(l_1 \pm \mu l_2)}{l}$$

(+) bei Rechtslauf, (–) bei Linkslauf

$l_1 \le \mu l_2$ *Selbsthemmungsbedingung*

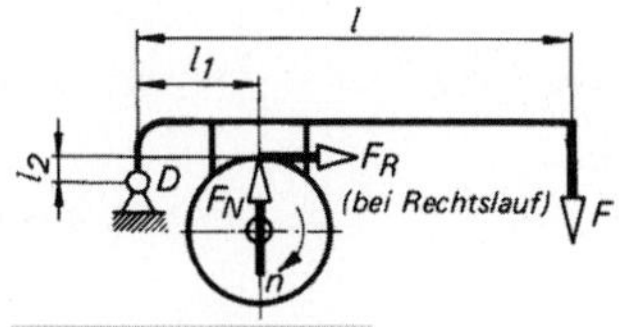

$$F = F_N \frac{(l_1 \mp \mu l_2)}{l}$$

(–) bei Rechtslauf, (+) bei Linkslauf

$l_1 \le \mu l_2$ *Selbsthemmungsbedingung*

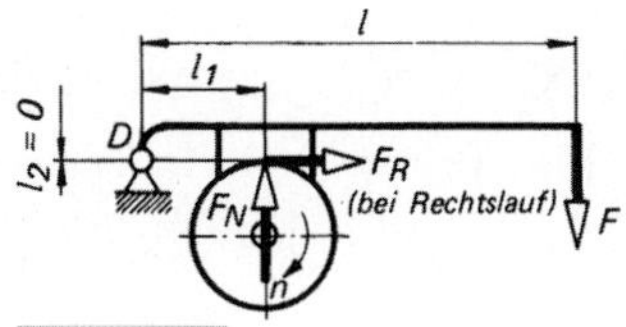

$$F = F_N \frac{l_1}{l}$$

gleiche Hebelkraft F für Rechts- und Linkslauf
Selbsthemmung nicht möglich

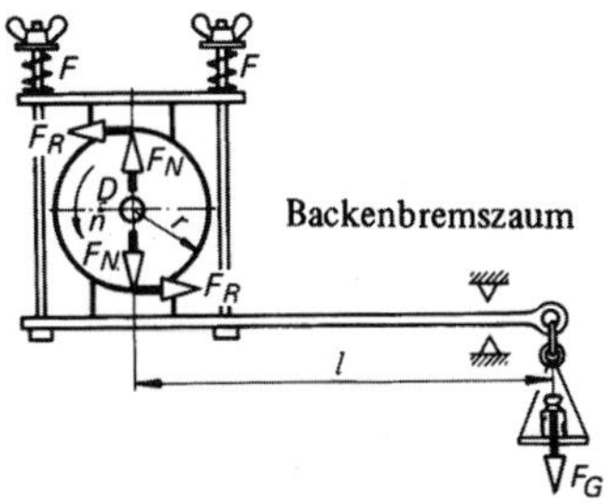

Wellendrehmoment $M = F_G\, l$

Wellenleistung $P = \dfrac{F_G\, l\, n}{9550}$

Zahlenwertgleichung

P	F_G	l	n
kW	N	m	min^{-1}

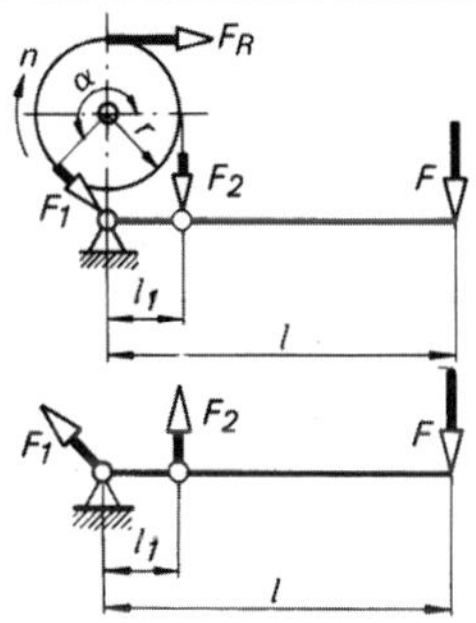

$$M = F_R r = F r \frac{l}{l_1}(e^{\mu\alpha} - 1)$$

Bremsmoment
Selbsthemmung nicht möglich

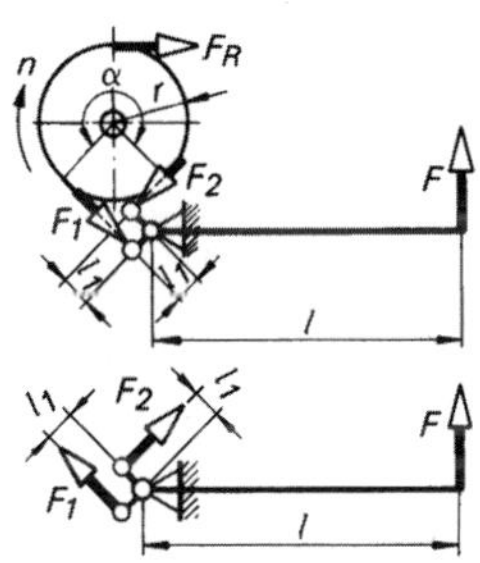

$$M = F_R r = F r \frac{l}{l_1} \cdot \frac{e^{\mu\alpha} - 1}{e^{\mu\alpha} + 1}$$

Bremsmoment
Selbsthemmung nicht möglich

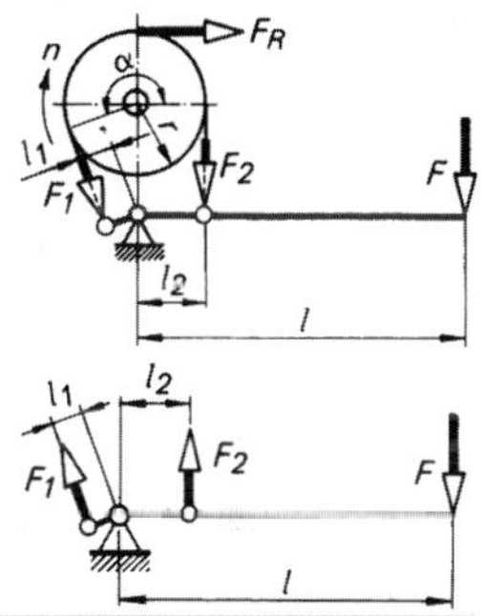

$$M = F_R r = F r l \frac{e^{\mu\alpha} - 1}{l_2 - l_1 e^{\mu\alpha}}$$

Bremsmoment

$l_2 = l_1 e^{\mu\alpha}$ *Selbsthemmungsbedingung*

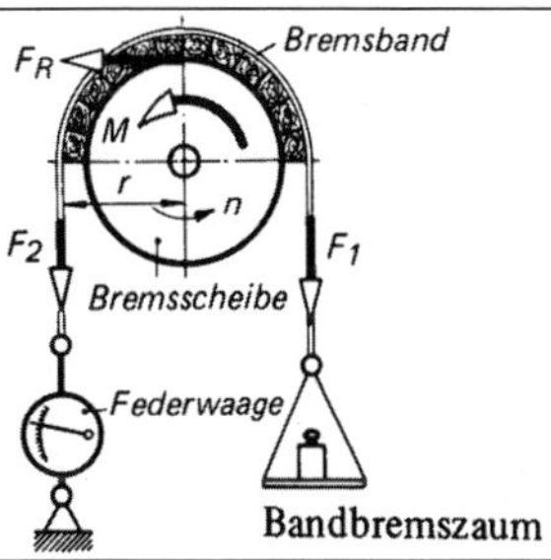

Wellendrehmoment $M = (F_1 - F_2)\, r$

Wellenleistung $P = \dfrac{(F_1 - F_2)\, r\, n}{9550}$

Zahlenwertgleichung

P	F_1, F_2	r	n
kW	N	m	min^{-1}

1.23 Rollreibung

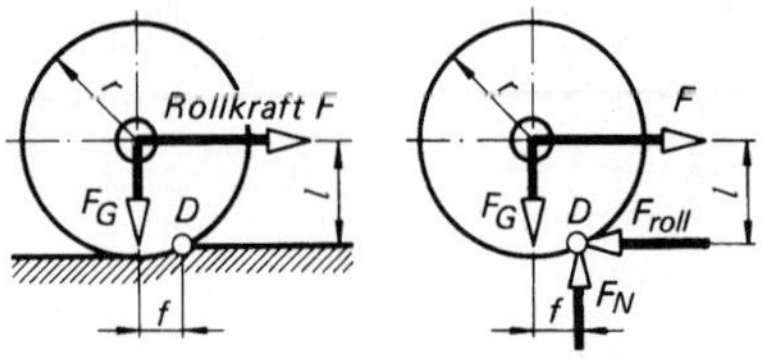

Rollkraft $F = F_G \dfrac{f}{r}$

F, F_G	f	r
N	cm	cm

$f \approx 0{,}05$ cm für Gusseisen und Stahl auf Stahl

$f \approx 0{,}0005 \ldots 0{,}001$ cm für Wälzlager

1.24 Fahrwiderstand

Fahrwiderstand $F_w = F_N\, \mu_f$

Rollbedingung $\mu_0 \geq \mu_f$

Erfahrungswerte für Fahrwiderstandszahl μ_f

Schienenfahrzeuge – Bahn	0,0025
Straßenbahn mit Wälzlagern	0,005
Straßenbahn mit Gleitlagern	0,018
Kraftfahrzeug auf Asphalt	0,025
Drahtseilbahn	0,01

1.25 Feste Rolle

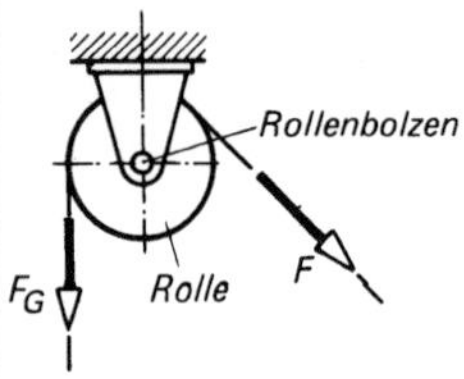

$$\eta_f = \frac{W_n}{W_a} = \frac{F_G\, s}{F s} = \frac{F_G}{F}$$

Wirkungsgrad der festen Rolle

Erfahrungswert: $\eta_f \approx 0{,}95$

s Kraft- und Lastweg

1.26 Lose Rolle

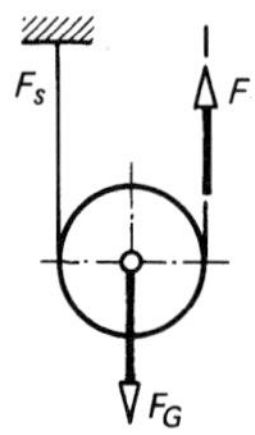

Wirkungsgrad der losen Rolle $\eta_f = \dfrac{F_G}{2F}$

Zugkraft $F = \dfrac{F_G}{1 + \eta_f}$

1.27 Rollenzug (Flaschenzug)

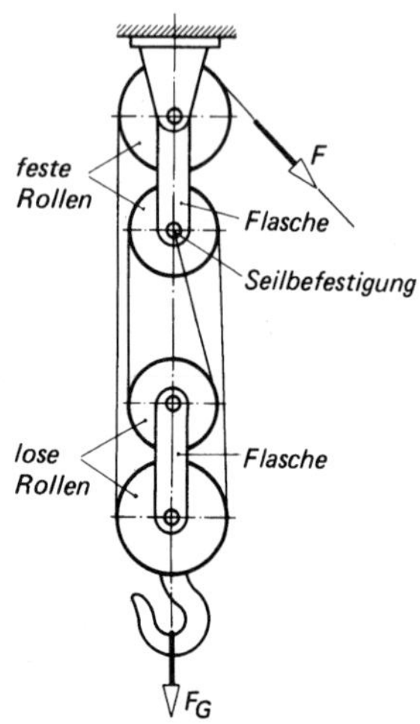

Kraftweg $s_1 = n\, s_2$

s_2 Lastweg
n Anzahl der tragenden Seilstränge

Zugkraft $F = F_G \dfrac{1 - \eta}{\eta(1 - \eta^n)}$

Wirkungsgrad $\eta \approx 0{,}96$ für Seile

Wirkungsgrad des Rollenzugs $\eta_r = \dfrac{\eta(1 - \eta^n)}{n(1 - \eta)}$

Werte für den Wirkungsgrad η_r des Rollenzugs in Abhängigkeit von der Anzahl n der tragenden Seilstränge ($\eta = 0{,}96$) für Gleitlagerungen

n	1	2	3	4	5
η_r	0,960	0,941	0,922	0,904	0,886

n	6	7	8	9	10
η_r	0,869	0,852	0,836	0,820	0,804

2.1 Gleichmäßig beschleunigte geradlinige Bewegung

Hinweis: Erfolgt die Bewegung aus der Ruhelage heraus, ist in den Gleichungen die Anfangsgeschwindigkeit $v_0 = 0$ zu setzen. Die Fläche unter der v-Linie ist dann ein Dreieck.
Die Gleichungen gelten mit $a = g = 9{,}81\ \mathrm{m/s^2}$ (Fallbeschleunigung) auch für den freien Fall.

Beschleunigung

$$a = \frac{v_t - v_0}{\Delta t} = \frac{v_t^2 - v_0^2}{2\,\Delta s}$$

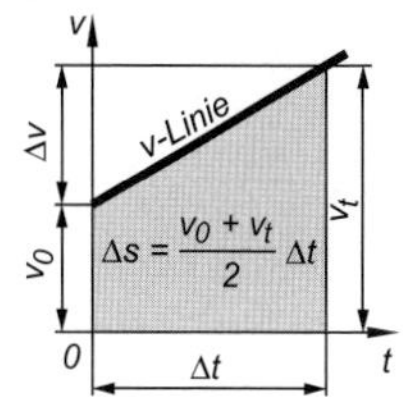

Endgeschwindigkeit

$$v_t = v_0 + \Delta v = v_0 + a\,\Delta t$$
$$v_t = \sqrt{v_0^2 + 2a\,\Delta s}$$

Wegabschnitt

$$\Delta s = \frac{v_0 + v_t}{2}\Delta t = v_0 \Delta t + \frac{a\,(\Delta t)^2}{2}$$
$$\Delta s = \frac{v_t^2 - v_0^2}{2a}$$

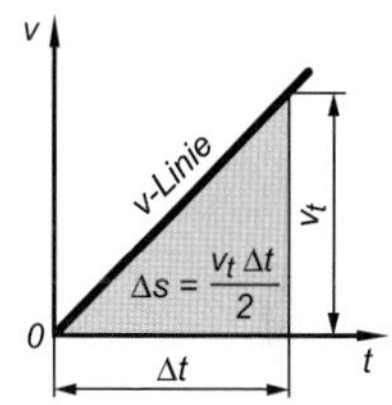

Zeitabschnitt

$$\Delta t = \frac{v_t - v_0}{a} = -\frac{v_0}{a} \pm \sqrt{\left(\frac{v_0}{a}\right)^2 + \frac{2\Delta s}{a}}$$

2.2 Gleichmäßig verzögerte geradlinige Bewegung

Hinweis: Wird die Bewegung bis zur Ruhelage verzögert, ist in den Gleichungen die Endgeschwindigkeit $v_t = 0$ zu setzen. Die Fläche unter der v-Linie ist dann ein Dreieck.
Die Gleichungen gelten mit $a = g = 9{,}81\ \mathrm{m/s^2}$ (Fallbeschleunigung) auch für den senkrechten Wurf nach oben.

Verzögerung

$$a = \frac{v_0 - v_t}{\Delta t} = \frac{v_0^2 - v_t^2}{2\,\Delta s}$$

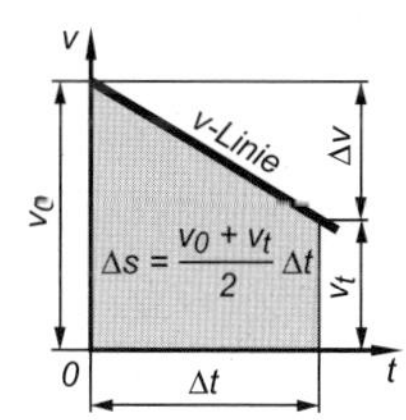

Endgeschwindigkeit

$$v_t = v_0 - \Delta v = v_0 - a\,\Delta t$$
$$v_t = \sqrt{v_0^2 - 2a\,\Delta s}$$

Wegabschnitt

$$\Delta s = \frac{v_0 + v_t}{2}\Delta t = v_0 \Delta t - \frac{a(\Delta t)^2}{2}$$
$$\Delta s = \frac{v_0^2 - v_t^2}{2a}$$

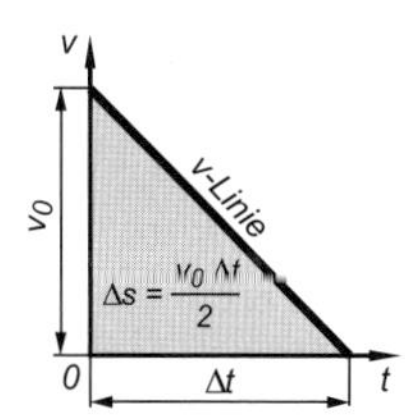

Zeitabschnitt

$$\Delta t = \frac{v_0 - v_t}{a} = \frac{v_0}{a} \pm \sqrt{\left(\frac{v_0}{a}\right)^2 - \frac{2\Delta s}{a}}$$

2 Dynamik

2.3 Gleichförmige Kreisbewegung

ω Winkelgeschwindigkeit, n Drehzahl bzw. Umdrehungsfrequenz, $\Delta\varphi$ Drehwinkel, v_u Umfangsgeschwindigkeit, r Radius, z Anzahl der Umdrehungen, Δt Zeitabschnitt

$$\omega = \frac{\Delta\varphi}{\Delta t} = \frac{2\pi z}{\Delta t}$$

$$\omega = 2\pi n$$

Grundgleichung der gleichförmigen Drehbewegung

ω	$\Delta\varphi$	z	Δt	n	v_u
$\frac{\text{rad}}{\text{s}} = \frac{1}{\text{s}}$	rad	1	s	$\frac{1}{\text{s}}$	$\frac{\text{m}}{\text{s}}$

$$\omega = \frac{\pi n}{30}$$

ω	n
$\frac{1}{\text{s}}$	$\frac{1}{\text{min}}$

Zahlenwertgleichung

$$v_u = 2\pi r n = \omega r$$

$1\,\text{rad} \approx 57{,}3^\circ$ $\quad$ $1^\circ \approx 0{,}0175\,\text{rad}$

2.4 Gleichmäßig beschleunigte Kreisbewegung

Hinweis: Erfolgt die Bewegung aus der Ruhelage heraus, ist in den Gleichungen die Anfangswinkelgeschwindigkeit $\omega_0 = 0$ zu setzen. Die Fläche unter der ω-Linie ist dann ein Dreieck.

Winkelbeschleunigung

$$\alpha = \frac{\omega_t - \omega_0}{\Delta t} = \frac{\omega_t^2 - \omega_0^2}{2\Delta\varphi}$$

Tangentialbeschleunigung

$$a_T = \alpha r = \frac{\Delta\omega}{\Delta t} r = \frac{\Delta v_u}{\Delta t}$$

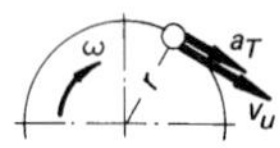

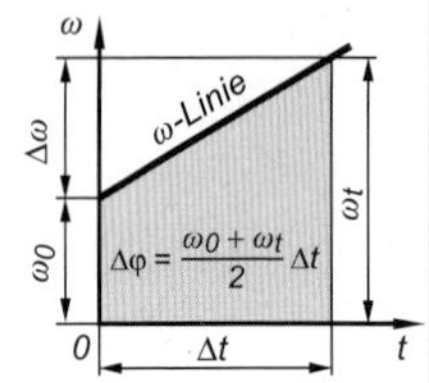

Endwinkelgeschwindigkeit

$$\omega_t = \omega_0 + \Delta\omega = \omega_0 + \alpha\Delta t$$

$$\omega_t = \sqrt{\omega_0^2 + 2\alpha\Delta\varphi}$$

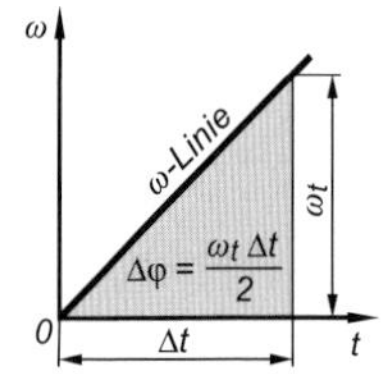

Drehwinkel

$$\Delta\varphi = \frac{\omega_0 + \omega_t}{2}\Delta t = \omega_0\Delta t + \frac{\alpha(\Delta t)^2}{2} = \frac{\omega_t^2 - \omega_0^2}{2\alpha}$$

Zeitabschnitt

$$\Delta t = \frac{\omega_t - \omega_0}{\alpha} = -\frac{\omega_0}{\alpha} \pm \sqrt{\left(\frac{\omega_0}{\alpha}\right)^2 + \frac{2\Delta\varphi}{\alpha}}$$

2.5 Gleichmäßig verzögerte Kreisbewegung

Hinweis: Wird die Bewegung bis zur Ruhelage verzögert, ist in den Gleichungen die Endwinkelgeschwindigkeit $\omega_t = 0$ zu setzen. Die Fläche unter der ω-Linie ist dann ein Dreieck.

Winkelverzögerung

$$\alpha = \frac{\omega_0 - \omega_t}{\Delta t} = \frac{\omega_0^2 - \omega_t^2}{2\Delta\varphi}$$

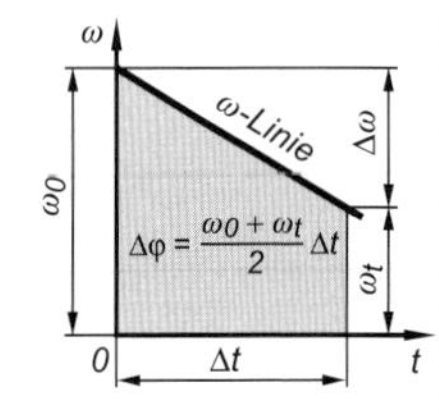

Tangentialverzögerung

$$a_T = \alpha r = \frac{\Delta\omega}{\Delta t} r = \frac{\Delta v_u}{\Delta t}$$

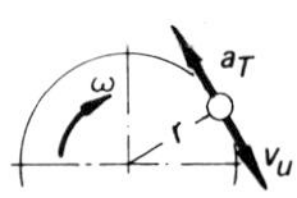

Endwinkelgeschwindigkeit

$$\omega_t = \omega_0 - \Delta\omega = \omega_0 - \alpha\Delta t$$

$$\omega_t = \sqrt{\omega_0^2 - 2\alpha\Delta\varphi}$$

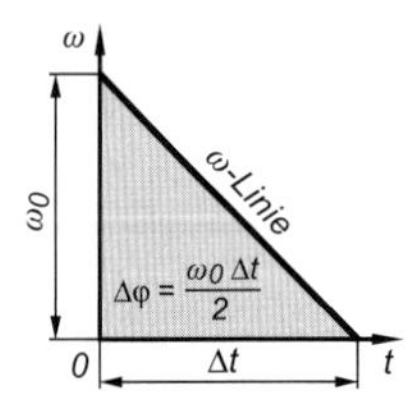

Drehwinkel

$$\Delta\varphi = \frac{\omega_0 + \omega_t}{2}\Delta t = \omega_0\Delta t - \frac{\alpha(\Delta t)^2}{2} = \frac{\omega_0^2 - \omega_t^2}{2\alpha}$$

Zeitabschnitt

$$\Delta t = \frac{\omega_0 - \omega_t}{\alpha} = \frac{\omega_0}{\alpha} \pm \sqrt{\left(\frac{\omega_0}{\alpha}\right)^2 - \frac{2\Delta\varphi}{\alpha}}$$

2.6 Waagerechter Wurf

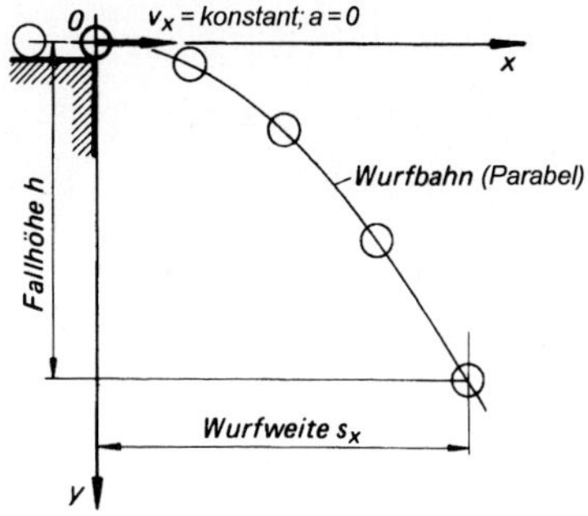

$$h = \frac{g}{2 v_x^2} s_x^2 = k s_x^2$$ *Gleichung der Wurfbahn*

$$s_x = v_x \sqrt{\frac{2h}{g}}$$ *Wurfweite*

$$h = \frac{g}{2 v_x^2} s_x^2$$ *Fallhöhe*

h Fallhöhe, g Fallbeschleunigung,
v_x horizontale Geschwindigkeit,
s_x Wurfweite, $k = g/2 v_x^2$ Konstante

2.7 Schräger Wurf

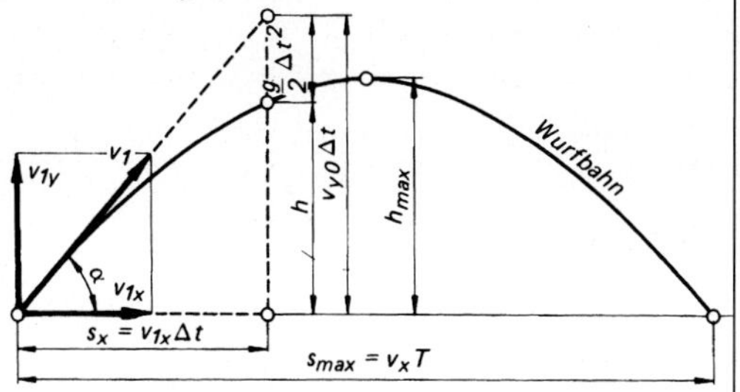

$$h = s_x \tan \alpha - \frac{g}{2 v_1^2 \cos^2 \alpha} s_x^2 = k_1 s_x - k_2 s_x^2$$

Gleichung der Wurfbahn $k_1 = \tan \alpha$, $k_2 = \frac{g}{2} v_0^2 \cos^2 \alpha$

$$s_{max} = \frac{v_1^2 \sin 2\alpha}{g}$$ *größte Wurfweite*

$$T = \frac{2 v_1 \sin \alpha}{g}$$ *Wurfzeit*

$$h_{max} = \frac{v_1^2 \sin^2 \alpha}{2g}$$ *Scheitelhöhe*

$$\Delta t_s = \frac{v_1 \sin \alpha}{g}$$ *Steigzeit*

2.8 Schnittgeschwindigkeit

$$v = \frac{\pi d n}{1000}$$

v	d	n
$\frac{m}{min}$	mm	$\frac{U}{min} = min^{-1}$

Schnittgeschwindigkeit
an Drehmaschinen, Fräsmaschinen usw.

$$v = \frac{\pi d n}{60\,000}$$

v	d	n
$\frac{m}{s}$	mm	$\frac{U}{min} = min^{-1}$

Schnittgeschwindigkeit
für Schleifscheiben

2.9 Übersetzung

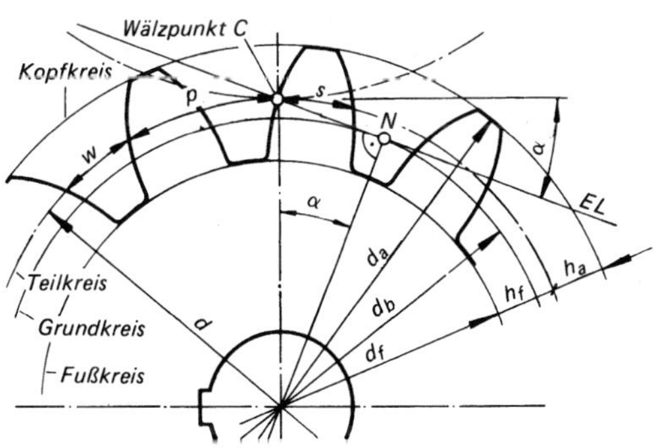

d	Teilkreis-∅ = mz
d_b	Grundkreis-∅ = $d \cos \alpha_n$
d_a	Kopfkreis-∅ = $d + 2\,m$
d_f	Fußkreis-∅ = $d - 2{,}5\,m$
p	Teilung = $s + w = \pi\,m$
m	Modul = p/π (genormt nach DIN 780 von 0,1 … 70 mm)
α	Herstell-Eingriffswinkel (20°)
s	Zahndicke = $p/2$
w	Lückenweite = $p/2$
h_a	Zahnkopfhöhe = 1 m
h_f	Zahnfußhöhe = 1,25 m
EL	Eingrifflinie

$$i = \frac{n_1}{n_2} = \frac{\omega_1}{\omega_2} = \frac{d_2}{d_1} = \frac{z_2}{z_1}$$

$$i_{ges} = \frac{n_{an}}{n_{ab}} = i_1\, i_2\, i_3 \ldots i_n$$

$$n = \frac{\text{Anzahl Umdrehungen } z}{\text{Zeitabschnitt } \Delta t}$$

2 Dynamik

2.10 Kreuzschubkurbelgetriebe (Kreuzschleife)

Drehwinkel φ im Zeitabschnitt Δt — $\varphi = \omega \Delta t$

Schieberweg s (Auslenkung) — $s = r(1 - \cos\varphi)$

Geschwindigkeit v (Hin- und Rückweg) — $v = v_u \sin\varphi = r\,\omega \sin\varphi$

$v_{max} = v_u = r\,\omega$

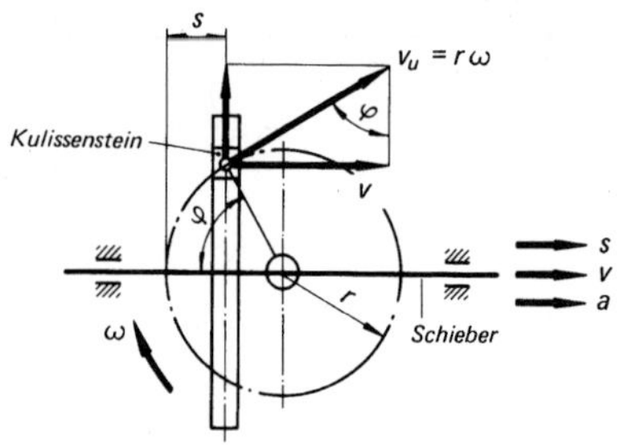

in Mittelstellung — $a = \frac{v_u^2}{r}\cos\varphi = r\,\omega^2 \cos\varphi$

$\omega = \frac{\pi n}{30}$

$v_u = r\,\omega$

Beschleunigung a (Hin- und Rückweg) — $a_{max} = \frac{v_u^2}{r} = r\,\omega^2$

φ	ω	Δt	s, r	v, v_u, v_{max}	a, a_{max}	n
rad	$\frac{1}{s}$	s	m	$\frac{m}{s}$	$\frac{m}{s^2}$	$\frac{1}{min}$

2.11 Schubkurbelgetriebe

Drehwinkel φ im Zeitabschnitt Δt — $\varphi = \omega \Delta t$

Schubstangenverhältnis λ — $\lambda = \frac{\text{Kurbelradius } r}{\text{Schubstangenlänge } l} = \frac{r}{l}$

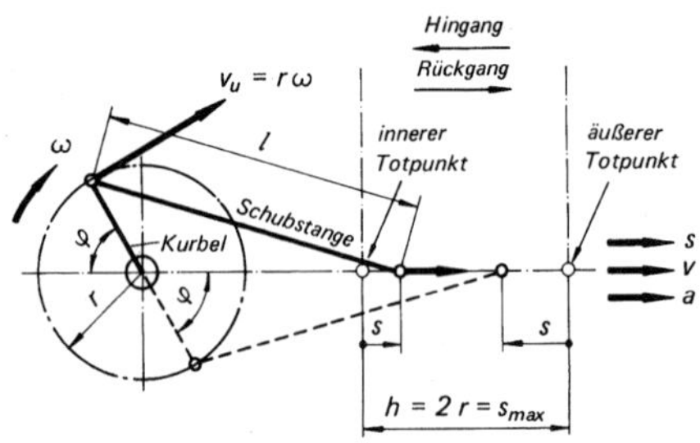

Kolbenweg s — $s = r(1 - \cos\varphi \pm 0{,}5 \cdot \lambda \sin^2\varphi)$

(+) für Hingang, (–) für Rückgang

Kolbengeschwindigkeit v — $v = r\,\omega(\sin\varphi \pm 0{,}5 \cdot \lambda \sin 2\varphi)$

$v_{max} = r\,\omega(1 + 0{,}5 \cdot \lambda^2)$

$\omega = \frac{\pi n}{30}$

$v_u = r\,\omega$

Beschleunigung a — $a = r\,\omega^2(\cos\varphi \pm \lambda \cos 2\varphi)$

$a_{max} = r\,\omega^2(1 + \lambda)$

φ	ω	Δt	s, r	v, v_u, v_{max}	a, a_{max}	n
rad	$\frac{1}{s}$	s	m	$\frac{m}{s}$	$\frac{m}{s^2}$	$\frac{1}{min}$

2.12 Dynamisches Grundgesetz für Translation

resultierende Kraft F_{res} = Masse m · Beschleunigung a

Gewichtskraft F_G = Masse m · Fallbeschleunigung g

$$F_{res} = m\,a$$

Dynamisches Grundgesetz

F_{res}	m	a
$N = \frac{kgm}{s^2}$	kg	$\frac{m}{s^2}$

$$F_G = mg$$

Dynamisches Grundgesetz für Gewichtskräfte

$$F_{G_n} = m\,g_n$$

Normgewichtskraft

$g_n = 9{,}80665\ m/s^2$
Normfallbeschleunigung

2.13 Dichte

$$\text{Dichte } \varrho = \frac{\text{Masse } m}{\text{Volumen } V} \qquad \varrho = \frac{m}{V}$$

2.14 Gewichtskraft

$$F_G = mg = V\varrho g = Al\varrho g$$

ϱ	m	V	A	l	g	F_G
$\frac{kg}{m^3}$	kg	m^3	m^2	m	$\frac{m}{s^2}$	N

1 N = 1 kgm /s²

2.15 Impuls

$$F_{res}\underbrace{(t_2 - t_1)}_{\Delta t} = m\underbrace{(v_2 - v_1)}_{\Delta v}$$

Kraftstoß = Impulsänderung

$$m\,v_2 = m\,v_1 = \text{konstant}$$

Impulserhaltungssatz

2.16 Mechanische Arbeit und Leistung bei Translation

$$W = Fs$$

Arbeit

$$W_h = F_G h = mgh$$

Hubarbeit

$$W_R = F_R s_R \qquad W_R = F_N\,\mu s_R$$

Reibungsarbeit

$$W_f = \frac{R}{2}(s_2{}^2 - s_1{}^2)$$

Federarbeit

$$R = \frac{\text{Federkraft } F}{\text{Federweg } s}$$

Federrate

$$P = F\,v$$

Momentanleistung

$$P = \frac{W}{t}$$

Mittlere Leistung während der Zeit t

$$1\ \text{Joule (J)} = 1\ \text{Nm} = 1\frac{\text{kg}\,\text{m}^2}{\text{s}^2} = 1\ \text{kg}\,\text{m}^2\,\text{s}^{-2}$$

$$1\ \text{Watt (W)} = 1\frac{\text{J}}{\text{s}} = 1\frac{\text{Nm}}{\text{s}} = 1\ \text{kg}\,\text{m}^2\,\text{s}^{-3}$$

W	P	F, F_G	s, h	v	m	g	R	t	η
J = Nm	W = $\frac{Nm}{s}$	N	m	$\frac{m}{s}$	kg	$\frac{m}{s^2}$	$\frac{N}{m}$	s	1

2.17 Wirkungsgrad

$$\eta = \frac{\text{Nutzarbeit } W_n}{\text{aufgewendete Arbeit } W_a} < 1$$

$$\eta = \frac{W_n}{W_a} = \frac{P_n}{P_a} = \frac{P_2}{P_1} < 1$$

Wirkungsgrad

$$\eta_{ges} = \eta_1\,\eta_2\,\eta_3 \ldots \eta_n = \frac{P_{ab}}{P_{an}} = \frac{P_2}{P_1} < 1$$

Gesamtwirkungsgrad

Beispiele für Wirkungsgrade:

Gleitlager	$\eta = 0{,}98$	(98 %)
Verzahnung	$\eta = 0{,}98$	(98 %)
E-Motor	$\eta = 0{,}9$	(90 %)
Ottomotor	$\eta = 0{,}28$	(28 %)

2 Dynamik

2.18 Dynamisches Grundgesetz für Rotation

resultierendes Drehmoment M_{res} = Trägheitsmoment J · Winkelbeschleunigung α

$J_0 = J_s + m l^2$

Verschiebesatz

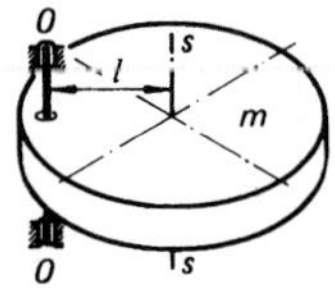

$M_{res} = J\,\alpha$

M_{res}	J, J_0, J_s	α	m	l	ω	t
$\mathrm{Nm} = \frac{\mathrm{kg\,m^2}}{\mathrm{s^2}}$	$\mathrm{kgm^2}$	$\frac{\mathrm{rad}}{\mathrm{s^2}}$	kg	m	$\frac{\mathrm{rad}}{\mathrm{s}}$	s

$m_{red} = \dfrac{J_s}{r^2}$ m_{red} *Ersatzmasse (reduzierte Masse)*

$M_{res}\,\underbrace{(t_2 - t_1)}_{\Delta t} = J\,\underbrace{(\omega_2 - \omega_1)}_{\Delta\omega}$ gilt für M_{res} = konstant

Momentenstoß = Drehimpulsänderung

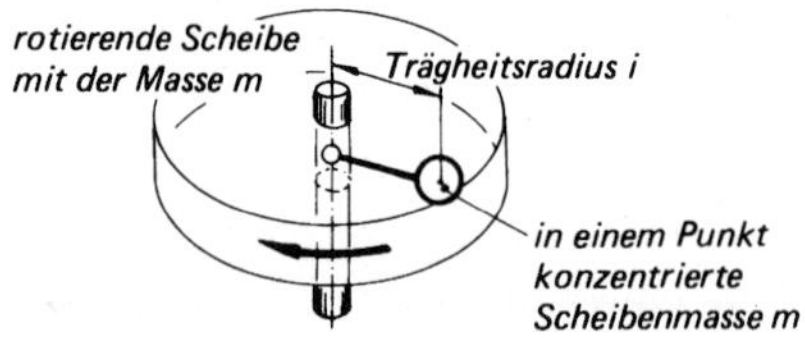

$J_s = m\,i^2$

$i = \sqrt{\dfrac{J_s}{m}}$

Trägheitsradius

J_s auf die Schwerachse bezogenes Trägheitsmoment

m Masse

$J\,\omega_2 = J\,\omega_1 = \text{konstant}$

Impulserhaltungssatz für Drehung

2.19 Gleichungen für Trägheitsmomente (Massenmomente 2. Grades)

Körperform	Trägheitsmoment J (J_x um die x-Achse; J_z um die z-Achse)
Kreiszylinder 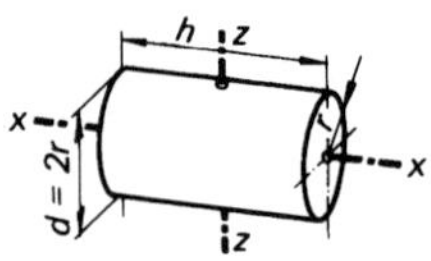	$J_x = \frac{1}{2} m r^2 = \frac{1}{8} m d^2 = \frac{1}{32}\varrho\pi d^4 h = \frac{1}{2}\varrho\pi r^4 h$ $J_z = \frac{1}{16} m\left(d^2 + \frac{4}{3}h^2\right) = \frac{1}{64}\varrho\pi d^2 h\left(d^2 + \frac{4}{3}h^2\right)$
Hohlzylinder 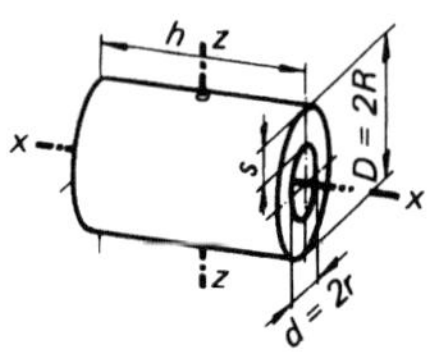	$J_x = \frac{1}{2} m (R^2 + r^2) = \frac{1}{8} m (D^2 + d^2) = \frac{1}{32}\varrho\pi h (D^4 - d^4)$ $J_x = \frac{1}{2}\varrho\pi h (R^4 - r^4)$ $J_z = \frac{1}{4} m\left(R^2 + r^2 + \frac{1}{3}h^2\right) = \frac{1}{16} m\left(D^2 + d^2 + \frac{4}{3}h^2\right)$
Kugel und Halbkugel 	$J_x = \frac{2}{5} m r^2 = \frac{1}{10} m d^2 = \frac{1}{60}\varrho\pi d^5 = \frac{8}{15}\varrho\pi r^5$
Ring 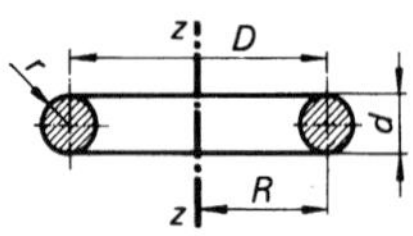	$J_z = m\left(R^2 + \frac{3}{4}r^2\right) = \frac{1}{4} m\left(D^2 + \frac{3}{4}d^2\right)$ $J_z = \frac{1}{16}\varrho\pi^2 D d^2\left(D^2 + \frac{3}{4}d^2\right) = \frac{1}{4} m D^2\left[1 + \frac{3}{4}\left(\frac{d}{D}\right)^2\right]$

2.20 Mechanische Arbeit, Leistung und Wirkungsgrad bei Rotation

$W_{rot} = F_T\, s = M\varphi$

Rotationsarbeit

$P_{rot} = F_T v_u$ *Rotationsleistung*

$P_{rot} = M\omega = M\, 2\pi n$

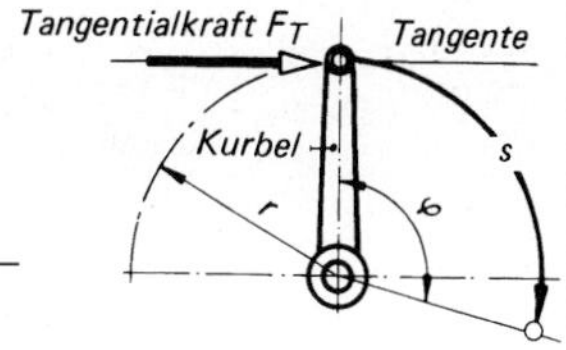

W_{rot}	P_{rot}	F_T	M	s, r	φ	v_u	ω	n
J = Nm	$W = \frac{Nm}{s}$	N	Nm	m	rad	$\frac{m}{s}$	$\frac{rad}{s}$	$\frac{U}{s} = \frac{1}{s} = s^{-1}$

$P_{rot} = \frac{M n}{9550}$ $\qquad M = 9550 \frac{P_{rot}}{n}$

Zahlenwertgleichungen

M	P_{rot}	n
Nm	kW	$\frac{U}{min} = min^{-1}$

$\eta = \frac{M_2}{M_1 \cdot i}$ M_2 Abtriebsmoment, M_1 Antriebsmoment

Wirkungsgrad

2.21 Energie bei Translation

potenzielle Energie E_{pot} = Hubarbeit W_h

$E_{pot} = F_G h = m g h$ *potenzielle Energie (Höhenenergie)*

$W_h = m g (h_2 - h_1) = \Delta E_{pot}$

Änderung der potenziellen Energie

Spannungsenergie E_s = Federarbeit W_f

$E_s = \frac{F s}{2} = \frac{R}{2} s^2$ *Spannungsenergie*

$W_f = \frac{F_1 + F_2}{2} \Delta s = \frac{R}{2}(s_2^2 - s_1^2) = \Delta E_s$

Änderung der Spannungsenergie

kinetische Energie E_{kin} = Beschleunigungsarbeit W_a

$E_{kin} = \frac{m}{2} v^2$ *kinetische Energie (Bewegungsenergie)*

$W_a = \frac{m}{2}(v_2^2 - v_1^2) = \Delta E_{kin}$

Änderung der kinetischen Energie

$E_E = E_A + W_{zu} - W_{ab}$

Energieerhaltungssatz

2.22 Gerader zentrischer Stoß

elastischer Stoß:

$c = \frac{m_1 v_1 + m_2 v_2}{m_1 + m_2}$ *Geschwindigkeit beider Körper am Ende des ersten Stoßabschnitts*

$c_1 = \frac{(m_1 - m_2) v_1 + 2 m_2 v_2}{m_1 + m_2}$

$c_2 = \frac{(m_2 - m_1) v_2 + 2 m_1 v_1}{m_1 + m_2}$

Geschwindigkeiten beider Körper nach dem Stoß

unelastischer Stoß:

$\Delta E = \frac{1}{2} \frac{m_1 m_2 (v_1 - v_2)^2}{m_1 + m_2}$ *Energieabnahme beim unelastischen Stoß*

$\eta = \frac{m_2}{m_1 + m_2} = \frac{1}{1 + \frac{m_1}{m_2}}$ *Wirkungsgrad beim Schmieden*

$\eta = \frac{1}{1 + \frac{m_2}{m_1}}$ *Wirkungsgrad beim Rammen*

wirklicher Stoß:

$\Delta E = \frac{1}{2} \frac{m_1 m_2 (v_1 - v_2)^2 (1 - k^2)}{m_1 + m_2}$ *Energieverlust beim wirklichen Stoß*

$k = \frac{c_2 - c_1}{v_1 - v_2}$ *Stoßzahl*

$k = 1$	elastischer Stoß	
$k = 0$	unelastischer Stoß	
$k = 0{,}35$	Stahl bei	1100 °C
$k = 0{,}7$	Stahl bei	20 °C

$c_1 = \frac{m_1 v_1 + m_2 v_2 - m_2 (v_1 - v_2) k}{m_1 + m_2}$

$c_2 = \frac{m_1 v_1 + m_2 v_2 + m_1 (v_1 - v_2) k}{m_1 + m_2}$

Geschwindigkeiten nach dem wirklichen Stoß

2.23 Energie bei Rotation

Rotations-energie E_{rot} = Beschleunigungs-arbeit W_α

$$E_{rot} = \frac{J}{2}\omega^2$$

E_{rot}, W_α	J	ω
J = Nm	kgm²	$\frac{rad}{s}$

Rotationsenergie

$$W_\alpha = \frac{J}{2}(\omega_2^2 - \omega_1^2) = \Delta E_{rot}$$

Änderung der Rotationsenergie

2.24 Zentripetalbeschleunigung und Zentripetalkraft

$$a_z = \frac{v_u^2}{r_s} = r_s\,\omega^2$$ *Zentripetalbeschleunigung*

$$F_z = m a_z = m r_s\,\omega^2 = m\frac{v_u^2}{r_s}$$ *Zentripetalkraft*

F_z	m	a_z	r_s	ω	v_u
$N = \frac{kgm}{s^2}$	kg	$\frac{m}{s^2}$	m	$\frac{rad}{s}$	$\frac{m}{s}$

Hinweis: Der Radius r_s ist der Abstand des Körperschwerpunkts von der Drehachse.

2.25 Gegenüberstellung der translatorischen und rotatorischen Größen (Analogieschluss)

Geradlinige (translatorische) Bewegung | **Drehende (rotatorische) Bewegung**

Größe	Definitionsgleichung	Einheit	Größe	Definitionsgleichung	Einheit
Zeit t	Basisgröße	s	Zeit t	Basisgröße	s
Verschiebeweg s	Basisgröße	m	Drehwinkel φ	$\varphi = \frac{b}{r}$ b ist der Bogen des Winkels φ, s. S. 53	rad
Masse m	Basisgröße	kg	Trägheits-moment J	$J = \Sigma\,\Delta m\,r^2$	kgm²
Geschwindigkeit v (v = konstant)	$v = \frac{\Delta s}{\Delta t}$	$\frac{m}{s}$	Winkelgeschwin-digkeit ω	$\omega = \frac{\Delta\varphi}{\Delta t}$	$\frac{rad}{s}$
Arbeit W	$W = F\,s$	J	Dreharbeit W_{rot}	$W_{rot} = M\,\varphi = F_T\,r\,\varphi$	J
Leistung P	$P = \frac{W}{t} = F\,v$	W	Drehleistung P_{rot}	$P_{rot} = \frac{W_{rot}}{t} = M\,\omega$	W
Beschleunigung a	$a = \frac{\Delta v}{\Delta t}$	$\frac{m}{s^2}$	Winkelbeschleu-nigung α	$\alpha = \frac{\Delta\omega}{\Delta t}$	$\frac{rad}{s^2}$
Beschleunigungs-kraft F_{res}	$F_{res} = m\,a$	N	Beschleunigungs-moment M_{res}	$M_{res} = J\,\alpha$	Nm
kinetische Energie E_{kin}	$E_{kin} = \frac{m}{2}v^2$	J	Rotations-energie E_{rot}	$E_{rot} = \frac{J}{2}\omega^2$	J
$F_{res}(t_2 - t_1) = m(v_2 - v_1)$ Kraftstoß = Impulsänderung			$M_{res}(t_2 - t_1) = J(\omega_2 - \omega_1)$ Momentenstoß = Drehimpulsänderung		

2.26 Harmonische Schwingung

T, t	z	f	ω	$\Delta\varphi$	y, l	v_y	a_y, g	F_R	M_R	D, R	R_d	m	J
s	1	$\text{Hz} = \frac{1}{\text{s}}$	$\frac{1}{\text{s}}$	rad	m	$\frac{\text{m}}{\text{s}}$	$\frac{\text{m}}{\text{s}^2}$	N	Nm	$\frac{\text{N}}{\text{m}}$	$\frac{\text{Nm}}{\text{rad}}$	kg	kgm^2

Periodendauer T

$$T = \frac{\text{Zeitabschnitt } \Delta t}{\text{Anzahl der Perioden } z} = \frac{\Delta t}{z} = \frac{1}{f}$$

Frequenz f

$$f = \frac{\text{Anzahl der Perioden } z}{\text{Zeitabschnitt } \Delta t} = \frac{z}{\Delta t} = \frac{1}{T}$$

Phasenwinkel $\Delta\varphi$ und Kreisfrequenz ω

$$\Delta\varphi = 2\,\pi\, z = \omega \Delta t = 2\,\pi f \Delta t \qquad \omega = 2\,\pi\,\frac{z}{\Delta t} = 2\pi\, f = \frac{2\pi}{T}$$

Auslenkung y (A Amplitude = y_{max})

$$y = A \sin \Delta\varphi = A \sin(\omega t) = A \sin(2\,\pi f t)$$

$$y = A \sin \frac{2\,\pi\, t}{T}$$

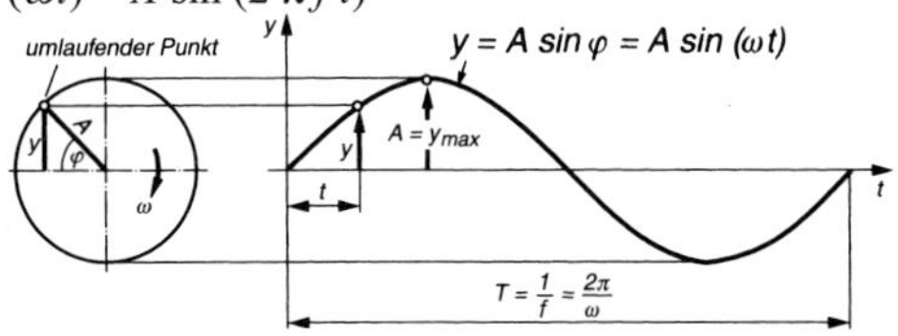

Momentangeschwindigkeit v_y

$$v_y = A\,\omega \cos \Delta\varphi = A\,\omega \cos(\omega t) = A\,\omega \cos(2\,\pi f t)$$

$$v_y = A\,\omega \cos \frac{2\,\pi\, t}{T}$$

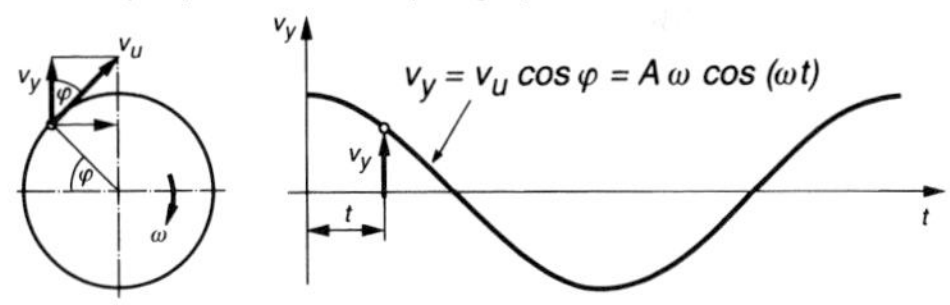

Momentanbeschleunigung a_y

$$a_y = -A\,\omega^2 \sin \Delta\varphi = -A\,\omega^2 \sin(\omega t) = -A\,\omega^2 \sin(2\,\pi f t) = -A\,\omega^2 \sin \frac{2\,\pi\, t}{T}$$

$$a_y = -y\,\omega^2$$

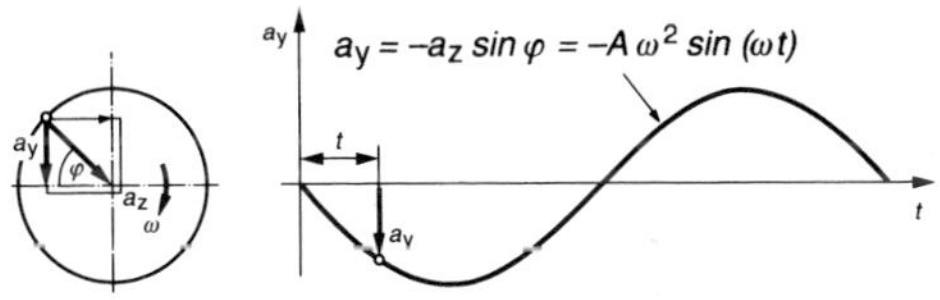

Schwingungsbeginn bei Phasenwinkel $\Delta\varphi_0$

$$y = A \sin(\varphi + \Delta\varphi_0) = A \sin(\omega t + \Delta\varphi_0)$$

Rückstellkraft F_R und Rückstellmoment M_R

$F_R = D_v = R_v$ — D Richtgröße (Federrate R)

$M_R = R\,\Delta\varphi$ — R Federrate der Torsionsfeder

Periodendauer T

$$T = 2\pi\sqrt{\frac{m}{R}} \quad (\textit{Schraubenfeder}) \qquad T = 2\pi\sqrt{\frac{J}{R}} \quad (\textit{Torsionsfeder}) \qquad R = m\,\frac{4\pi^2}{T^2} = D$$

Periodendauer T

$$T = 2\pi\sqrt{\frac{l}{g}} \quad (\textit{Schwerependel}) \qquad T = 2\pi\sqrt{\frac{l}{2g}} \quad (\textit{Flüssigkeitssäule})$$

J Trägheitsmoment
R Federrate der Torsionsfeder
l Pendellänge und Länge der Flüssigkeitssäule

Überlagerung bei $f_1 = f_2$ und $A_1 \neq A_2$

$y_{res} = A_1 \sin \Delta\varphi_1 + A_2$ ergibt wieder eine harmonische Schwingung

Überlagerung bei $f_1 \neq f_2$ und $A_1 \neq A_2$

$y_{res} = A_1 \sin \Delta\varphi_1 + A_2 \sin \Delta\varphi_2$ ergibt keine harmonische Schwingung

Schwebungsfrequenz f

$f = f_1 - f_2$

2 Dynamik

2.27 Pendelgleichungen

F_R, F_G	M_R	m	g	l, s, y, A	R_F	R_T	φ	T	ω	J	v_0	ω_0
N	$\frac{\text{Nm}}{\text{rad}}$	kg	$\frac{\text{m}}{\text{s}^2}$	m	$\frac{\text{N}}{\text{m}}$	$\frac{\text{Nm}}{\text{rad}}$	rad	s	$\frac{1}{\text{s}}$	kgm²	$\frac{\text{m}}{\text{s}}$	$\frac{1}{\text{s}}$

	Schwerependel	Schraubenfederpendel	Torsionspendel
Pendelart	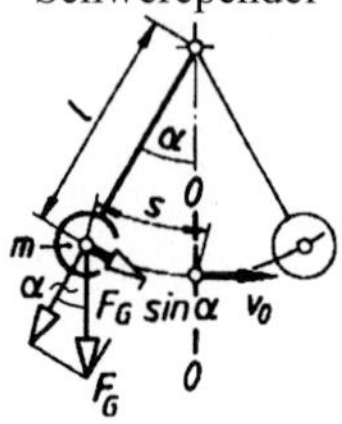	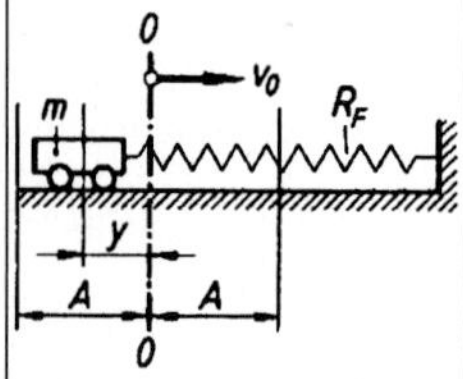	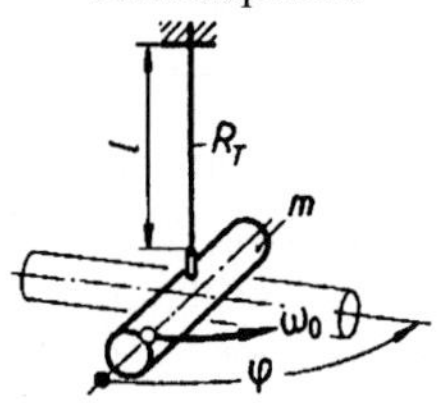
Rückstellkraft F_R Rückstellmoment M_R	$F_R = F_G \sin \alpha = m g \sin\alpha$ $F_R = \frac{m g}{l} s = D s$	$F_R = R_F\, y = m \frac{4\pi^2}{T^2} y$	$M_R = R_T\, \varphi$
Richtgröße D Federrate R_F, R_T	$D = \frac{m g}{l}$	$R_F = m \frac{4\pi^2}{T^2}$	$R_T = \frac{M_R}{\Delta\varphi} = \frac{I_p G}{l}$ (G Schubmodul, I_p polares Flächenmoment 2. Grades)
Periodendauer D	$T = 2\pi \sqrt{\frac{l}{g}}$	$T = 2\pi \sqrt{\frac{m}{R_F}}$	$T = 2\pi \sqrt{\frac{J}{R_T}}$ J Trägheitsmoment
maximale Geschwindigkeit v_0 maximale Winkelgeschwindigkeit ω_0	$v_0 = \sqrt{2 g l (1 - \cos\alpha_{max})}$ gilt bis $\alpha_{max} < 14°$	$v_0 = A \sqrt{\frac{R_F}{m}}$	$\omega_0 = \varphi \sqrt{\frac{R_T}{J}}$ J Trägheitsmoment
experimentelle Bestimmung des Trägheitsmoments J_2 eines Körpers	$J_2 = J_1 \frac{T_2^2 - T_1^2}{T_1^2}$ J_1 bekanntes Trägheitsmoment, J_2 unbekanntes Trägheitsmoment T_1 gemessene Schwingung bei Körper 1 allein T_2 bei Körper 1 und 2 zusammen 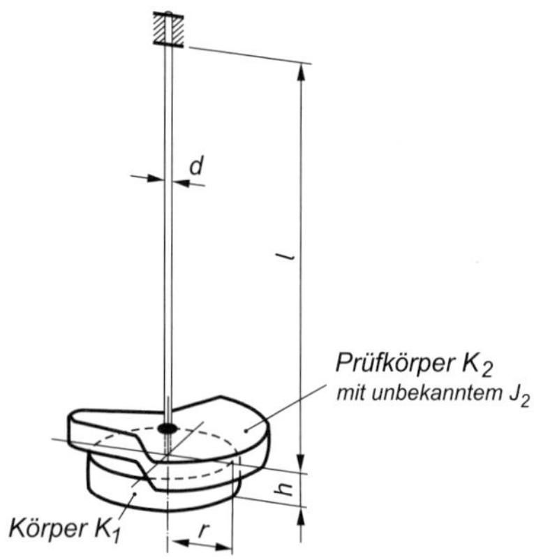		

2.28 Harmonische Welle

Ausbreitungsgeschwindigkeit c der Welle

$$c = \frac{\lambda}{T} = \lambda f$$

λ Wellenlänge

Gleichung der harmonischen Welle

$$y = A \sin\left[2\pi\left(\frac{t}{T} - \frac{\Delta x}{\lambda}\right)\right]$$

c, v_B, v_E	λ, A, y, l, Δx, x_0
$\frac{m}{s}$	m

Momentanbild der Welle zur Zeit t_0

$$y = A \sin\left[2\pi\left(\frac{t_0}{T} - \frac{\Delta x}{\lambda}\right)\right]$$

T, t, t_0	f, f_0, f_1
s	$\frac{1}{s}$

Auslenkung eines Oszillators der Welle zur beliebigen Zeit t

$$y = A \sin\left[2\pi\left(\frac{t}{T} - \frac{x_0}{\lambda}\right)\right]$$

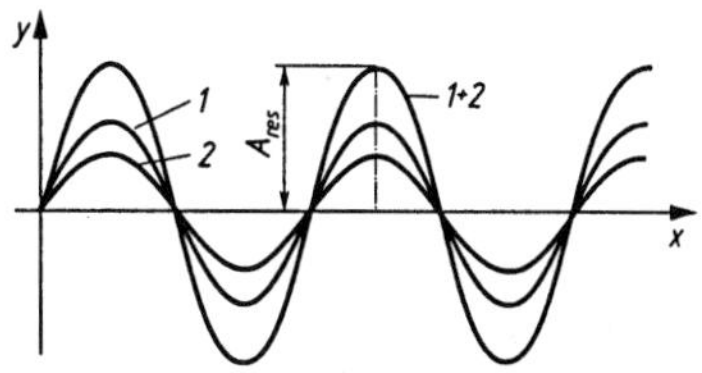

Bedingung für die größtmögliche Verstärkung der Welle

$$\Delta x = \pm 2n \frac{\lambda}{2}$$

n natürliche Zahl

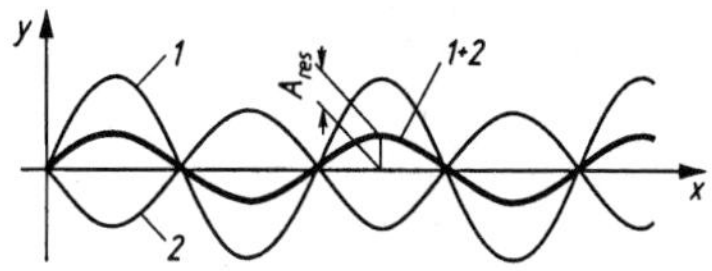

Bedingung für die größtmögliche Schwächung der Welle

$$\Delta x = \pm (2n - 1) \frac{\lambda}{2}$$

n natürliche Zahl

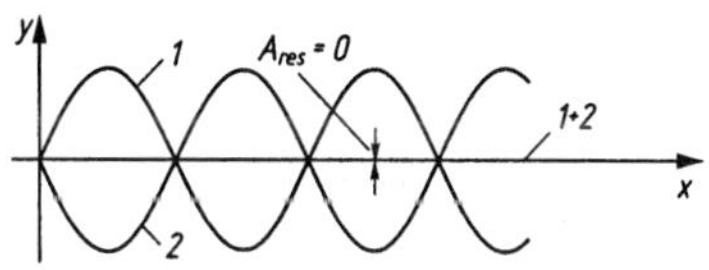

Bedingung für die Auslöschung der Welle, wenn zugleich $A_1 = A_2$ ist.

$$\Delta x = \pm (2n - 1) \frac{\lambda}{2}$$

n natürliche Zahl

Brechungsgesetz

$$\frac{\sin\alpha}{\sin\beta} = \frac{c_1}{c_2}$$

α Einfallswinkel
β Brechungswinkel

Doppler-Effekt bei still stehendem Erreger und bewegtem Beobachter (v_B)

$$f_1 = f_0\left(1 \pm \frac{v_B}{c}\right)$$

+ Beobachter bewegt sich auf den Erreger zu
− Beobachter entfernt sich vom Erreger

Doppler-Effekt bei bewegtem Erreger (v_E) und still stehendem Beobachter

$$f_1 = f_0 \frac{1}{1 \mp \frac{v_E}{c}}$$

− Erreger bewegt sich auf den Beobachter zu
+ Erreger entfernt sich vom Beobachter

Grundfrequenz f_0 (stehende Welle auf einem Träger der Länge l)

$$f_0 = \frac{c}{2l}$$

Träger mit zwei festen Enden

$$f_0 = \frac{c}{4l}$$

Träger mit einem festen und einem losen Ende

Überlagerung stehender Wellen ($f_1 = f_2$; $A_1 = A_2$)

$$y_{res} = 2A \sin\left(2\pi\frac{t}{T}\right)\cos\left(2\pi\frac{x}{\lambda}\right)$$

3 Fluidmechanik (Hydraulik)

3.1 Hydrostatik

$$p = \frac{\text{Kraft } F}{\text{Fläche } A}$$

hydrostatischer Druck

p	F	A
$\text{Pa} = \frac{\text{N}}{\text{m}^2}$	N	m^2

$$p = \varrho g h$$

Druck infolge der Schwerkraft

p	ϱ	g	h
$\text{Pa} = \frac{\text{N}}{\text{m}^2}$	$\frac{\text{kg}}{\text{m}^3}$	$\frac{\text{m}}{\text{s}^2}$	m

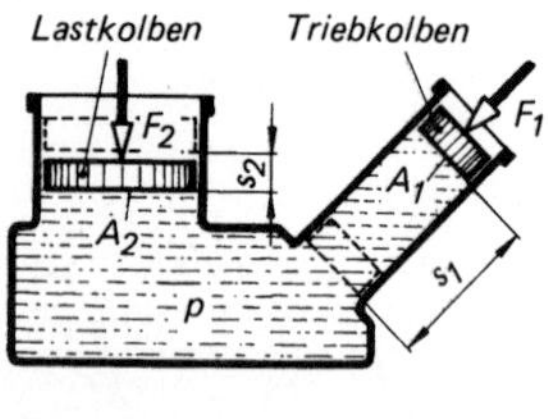

Hydraulischer Hebebock

$$\frac{F_1}{F_2} = \frac{A_1}{A_2}$$

Die Kolbenkräfte verhalten sich zueinander wie die Kolbenflächen.

$$\frac{s_1}{s_2} = \frac{A_2}{A_1}$$

Die Kolbenwege verhalten sich umgekehrt zueinander wie die Kolbenflächen.

$$\frac{s_1}{s_2} = \frac{d_2^2}{d_1^2}$$

Die Kolbenwege verhalten sich umgekehrt zueinander wie die Quadrate der Kolbendurchmesser.

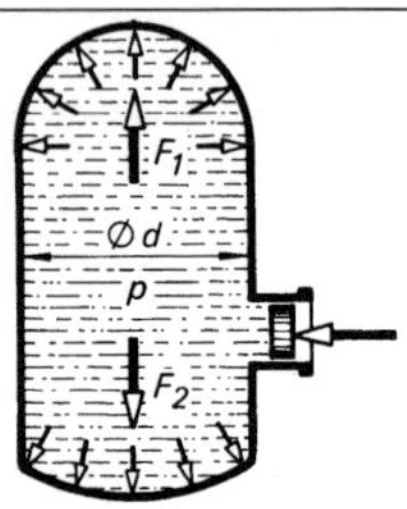

Druckkraft auf gewölbte Böden

$$F_1 = F_2 = p\frac{\pi}{4}d^2$$

F_1, F_2	p	d
N	$\text{Pa} = \frac{\text{N}}{\text{m}^2}$	m

$$F_1 = F_2 = 0{,}1p\frac{\pi}{4}d^2$$

Zahlenwertgleichung

F_1, F_2	p	d
N	bar	mm

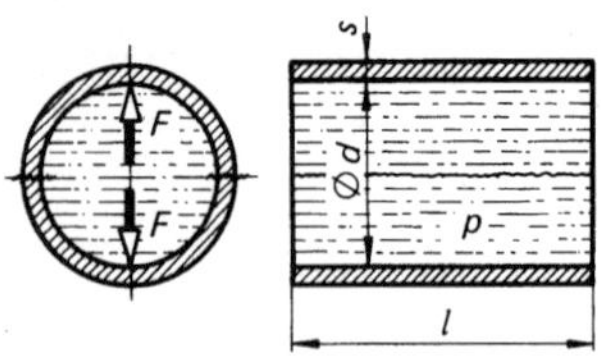

Beanspruchung einer Kessel- oder Rohrlängsnaht

$$F = p d l$$

F	p	d, l
N	$\text{Pa} = \frac{\text{N}}{\text{m}^2}$	m

$$F = 0{,}1 p d l$$

Zahlenwertgleichung

F	p	d, l
N	bar	mm

$$s = \frac{p d}{2\sigma_{zul}}$$ *Wanddicke*

s	p	d	σ_{zul}
m	$\text{Pa} = \frac{\text{N}}{\text{m}^2}$	m	$\frac{\text{N}}{\text{m}^2}$

$$s = \frac{p d}{20\sigma_{zul}}$$ *Zahlenwertgleichung*

s	p	d	σ_{zul}
mm	bar	mm	$\frac{\text{N}}{\text{mm}^2}$

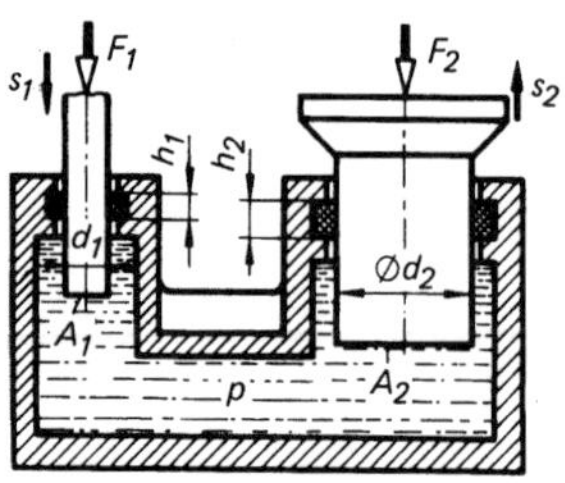

Hydraulische Presse

$$F_2 = F_1\frac{d_2^2}{d_1^2}$$

Presskraft bei reibungsfreiem Betrieb

$$F_2' = F_1'\frac{d_2^2}{d_1^2}\eta$$

Presskraft bei Berücksichtigung der Reibung

$$\eta = \frac{1 - 4\mu\frac{h_2}{d_2}}{1 + 4\mu\frac{h_1}{d_1}}$$

Wirkungsgrad

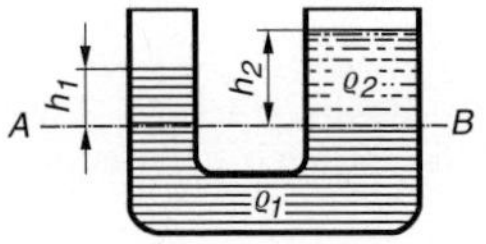

$$\frac{h_1}{h_2} = \frac{\varrho_2}{\varrho_1}$$

kommunizierende Röhren

$F_b = p\,A = \varrho\,g\,h\,A$ *Bodenkraft*

F_b	p	ϱ	g	h	A
N	$\mathrm{Pa} = \frac{\mathrm{N}}{\mathrm{m}^2}$	$\frac{\mathrm{kg}}{\mathrm{m}^3}$	$\frac{\mathrm{m}}{\mathrm{s}^2}$	m	m^2

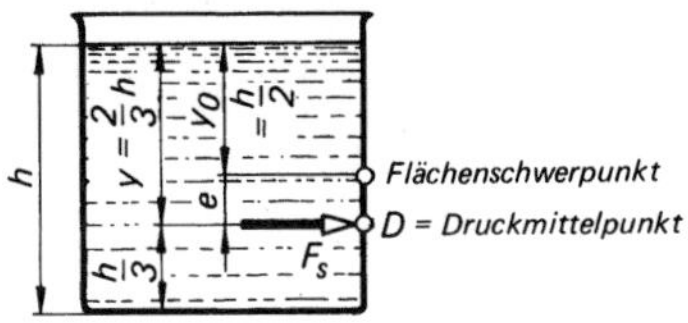

$F_s = \varrho\,g\,A\,y_0$ *Seitenkraft*

y_0 Schwerpunktsabstand der belasteten Seitenfläche vom Flüssigkeitsspiegel

F_s	ϱ	g	I	A	y_0, y, e
N	$\frac{\mathrm{kg}}{\mathrm{m}^3}$	$\frac{\mathrm{m}}{\mathrm{s}^2}$	m^4	m^2	m

$y = y_0 + e$ *Abstand des Druckmittelpunkts vom Flüssigkeitsspiegel*

$$e = \frac{I}{A\,y_0}$$ *Abstand des Druckmittelpunkts vom Schwerpunkt*

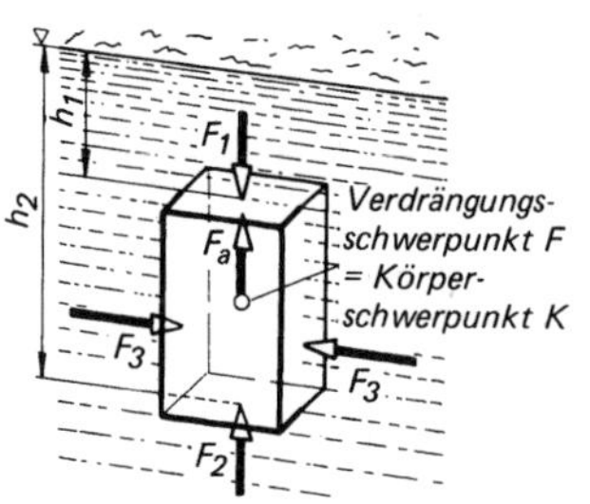

Ganz eingetauchter Körper: Verdrängungsschwerpunkt F fällt mit Körperschwerpunkt K zusammen.

$F_a = V\varrho\,g$

Auftriebskraft

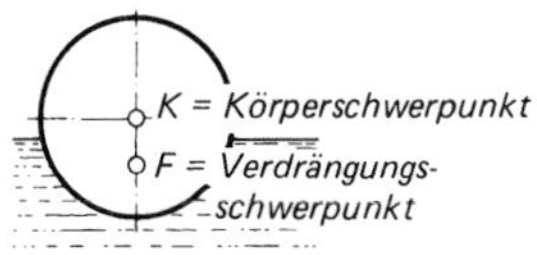

V verdrängtes Flüssigkeitsvolumen
ϱ Dichte der Flüssigkeit
g Fallbeschleunigung

Schwimmender Körper: Verdrängungsschwerpunkt F liegt unter dem Körperschwerpunkt K.

F_a	V	ϱ	g
N	m^3	$\frac{\mathrm{kg}}{\mathrm{m}^3}$	$\frac{\mathrm{m}}{\mathrm{s}^2}$

3.2 Hydrodynamik

3.2.1 Strömungsgrößen

Massenstrom $\dot{m}$

$$\dot{m} = \frac{A \cdot \Delta s \cdot \rho}{\Delta t} = A \cdot v \cdot \rho$$

Volumenstrom $\dot{V}$

$$\dot{V} = \frac{V}{\Delta t} = A\,v$$

$\dot{m}$	$\dot{V}$	A	ρ	Δs	Δt	v
$\frac{\mathrm{kg}}{\mathrm{s}}$	$\frac{\mathrm{m}^3}{\mathrm{s}}$	m^2	$\frac{\mathrm{kg}}{\mathrm{m}^3}$	m	s	$\frac{\mathrm{m}}{\mathrm{s}}$

$\dot{m}$ Masse
$\dot{V}$ Volumenstrom
A Rohrquerschnittsfläche
ρ Dichte des Fluids
Δs Strömungsweg
Δt Zeitabschnitt
v Strömungsgeschwindigkeit

3.2.2 Die drei Erhaltungssätze der Hydrodynamik

1. Massenerhaltungssatz

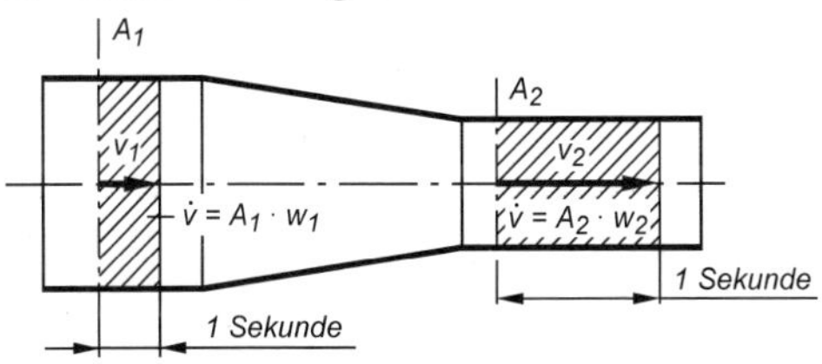

$\dot{V} = A_1 v_1 = A_2 v_2 =$ konstant

Massenerhaltungssatz (Kontinuitätsgleichung)

$\dot{V}$ Volumenstrom

$\dot{V}$	A	v
$\frac{\mathrm{m}^3}{\mathrm{s}}$	m^2	$\frac{\mathrm{m}}{\mathrm{s}}$

2. Energieerhaltungssatz

Wie für feste Körper gilt auch für reibungsfrei strömende Flüssigkeiten: Die Energie am Ende eines Vorgangs (Querschnitt A_2) ist gleich der Energie am Anfang (A_1). Das beschreibt auch die Benoulli'sche Gleichung.

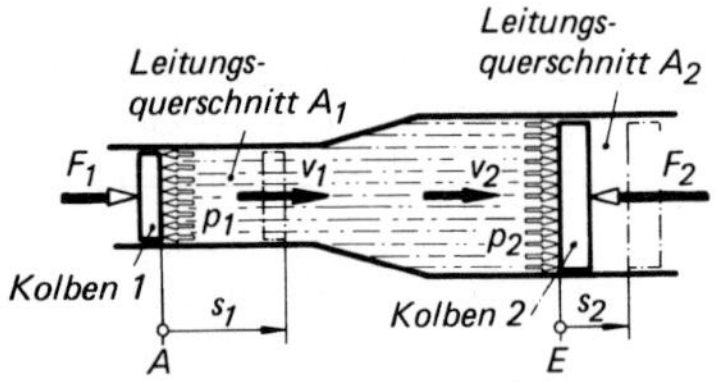

$$p_1 + \frac{\varrho}{2} v_1^2 = p_2 + \frac{\varrho}{2} v_2^2$$

Bernoulli'sche Druckgleichung für horizontale Strömung

p	ϱ	v
$\mathrm{Pa} = \frac{\mathrm{N}}{\mathrm{m}^2}$	$\frac{\mathrm{kg}}{\mathrm{m}^3}$	$\frac{\mathrm{m}}{\mathrm{s}}$

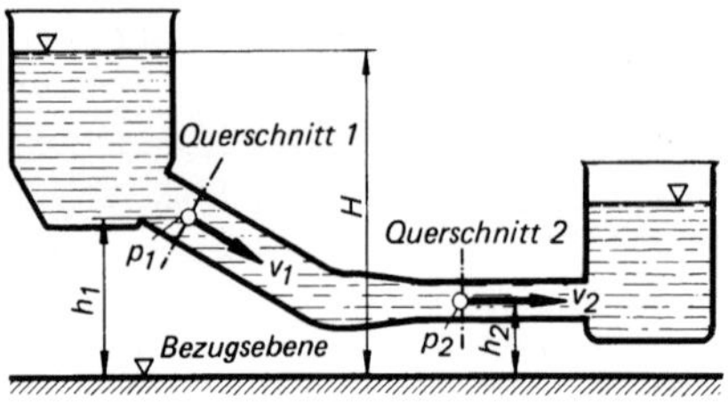

$$p_1 + \varrho g h_1 + \frac{\varrho}{2} v_1^2 = p_2 + \varrho g h_2 + \frac{\varrho}{2} v_2^2$$

Bernoulli'sche Druckgleichung für nichthorizontale Strömung

p	ϱ	g	h	v
$\mathrm{Pa} = \frac{\mathrm{N}}{\mathrm{m}^2}$	$\frac{\mathrm{kg}}{\mathrm{m}^3}$	$\frac{\mathrm{m}}{\mathrm{s}^2}$	m	$\frac{\mathrm{m}}{\mathrm{s}}$

3. Impulserhaltungssatz

Wie für feste Körper gilt auch für reibungsfrei strömende Flüssigkeiten: Der Impuls am Ende eines Vorgangs (Querschnitt A_2) ist gleich dem Impuls am Anfang (A_1).

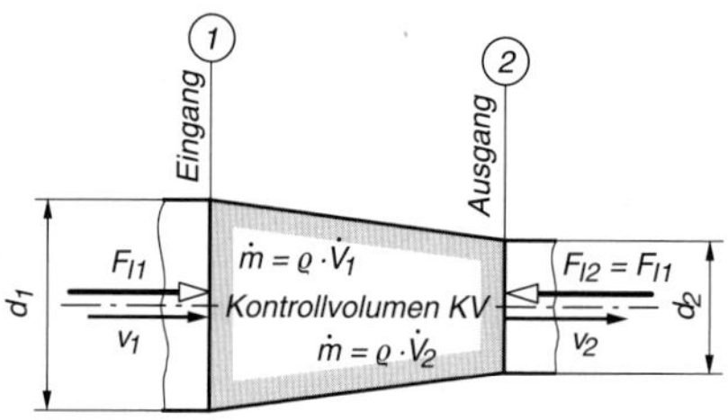

Impulsstrom

$$\dot{I} = \dot{m} \cdot v = \rho \cdot \dot{V} \cdot v$$

$\dot{I}$	$\dot{m}$	v	ρ	$\dot{V}$
N	$\frac{\mathrm{kg}}{\mathrm{s}}$	$\frac{\mathrm{m}}{\mathrm{s}}$	$\frac{\mathrm{kg}}{\mathrm{m}^3}$	$\frac{\mathrm{m}^3}{\mathrm{s}}$

Impulserhaltungssatz für Fluide

$$\dot{m}_2 \cdot v_2 = \dot{m}_1 \cdot v_1$$
$$\dot{I}_2 = \dot{I}_1 = \dot{I}$$

Impulskraft

$$F_I = \dot{I} = \dot{m} \cdot v$$
$$F_I = \rho \cdot \dot{V} \cdot v = \rho \cdot A \cdot v^2$$

$F_I, \dot{I}$	$\dot{m}$	v	ρ	$\dot{V}$	A
N	$\frac{\mathrm{kg}}{\mathrm{s}}$	$\frac{\mathrm{m}}{\mathrm{s}}$	$\frac{\mathrm{kg}}{\mathrm{m}^3}$	$\frac{\mathrm{m}^3}{\mathrm{s}}$	m^2

Hydrostatische Druckkraft

$$F_D = p \cdot A$$

F_D	p	A
N	$\mathrm{Pa} = \frac{\mathrm{N}}{\mathrm{m}^2}$	m^2

Gesamtdruckkraft

$$F = F_I + F_D$$

Ausfluss aus Gefäßen

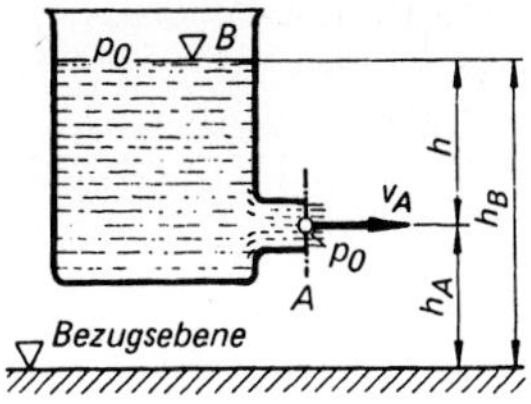

$$v = \sqrt{2gh}$$ *theoretische Ausflussgeschwindigkeit*

$$h = \frac{w^2}{2g}$$ *Geschwindigkeitshöhe*

$$\dot{V} = Av = A\sqrt{2gh}$$ *theoretischer Volumenstrom*

$$v_e = \varphi v = \varphi\sqrt{2gh}$$

wirkliche Ausflussgeschwindigkeit

φ ist abhängig von der Zähigkeit des Fluids und beträgt für Wasser 0,97 … 0,99

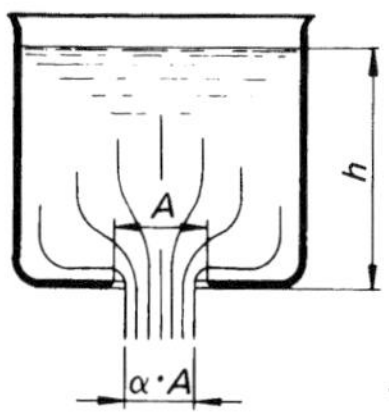

Strahlkontraktion

$$\dot{V} = \mu\dot{V} = \mu A\sqrt{2gh}$$

wirklicher Volumenstrom

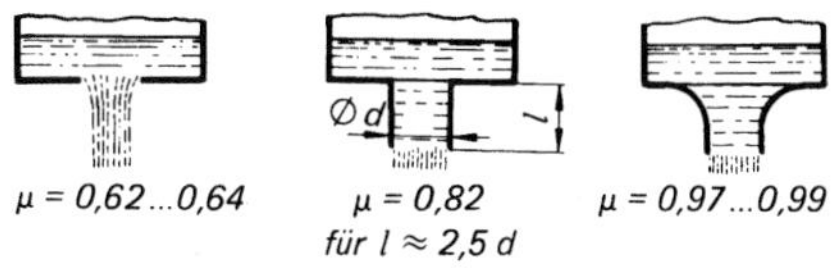

Ausflusszahlen für Wasser

v	g	h	$\dot{V}$	A	p	ϱ	φ, μ
$\frac{m}{s}$	$\frac{m}{s^2}$	m	$\frac{m^3}{s}$	m^2	$Pa = \frac{N}{m^2}$	$\frac{kg}{m^3}$	1

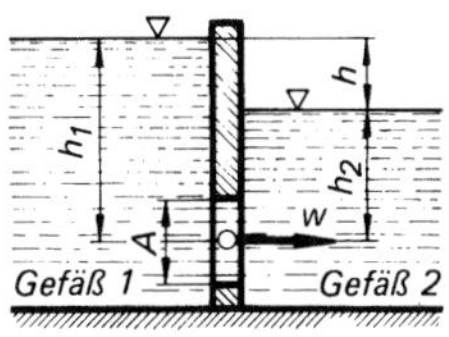

Ausfluss unter dem Flüssigkeitsspiegel

$$v = \sqrt{2g(h_1 - h_2)}$$ *theoretische Ausflussgeschwindigkeit*

$$\dot{V}_e = \mu A\sqrt{2g(h_1 - h_2)}$$ *wirklicher Volumenstrom*

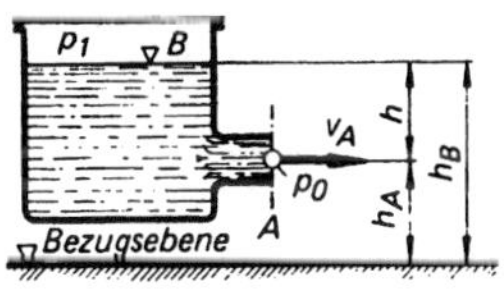

Ausfluss bei Überdruck p_1 im Gefäß

$$v = \sqrt{2g\left(h + \frac{p_1 - p_0}{\varrho g}\right)}$$

theoretische Ausflussgeschwindigkeit

$$\dot{V}_e = \mu Av = \mu A\sqrt{2g\left(h + \frac{p_1 - p_0}{\varrho g}\right)}$$

$$\dot{V}_e = \mu A\sqrt{2g\left(h + \frac{p_ü}{\varrho g}\right)}$$

wirklicher Volumenstrom

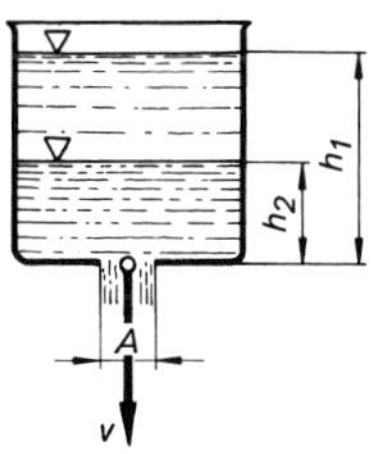

Ausfluss bei sinkendem Flüssigkeitsspiegel

bei teilweiser Entleerung:

$$v_m = v_1 - v_2 = \frac{\sqrt{2gh_1} + \sqrt{2gh_2}}{2}$$

$$\dot{V}_{em} = \mu A\frac{\sqrt{2gh_1} + \sqrt{2gh_2}}{2}$$

$$t = \frac{V_e}{\dot{V}_{em}} = \frac{2V_e}{\mu A\left(\sqrt{2gh_1} + \sqrt{2gh_2}\right)}$$

bei völliger Entleerung:

$$v_m = \frac{\sqrt{2gh_1}}{2}$$ *mittlere theoretische Ausflussgeschwindigkeit*

$$\dot{V}_{em} = \mu A\frac{\sqrt{2gh_1}}{2}$$ *mittlerer wirklicher Volumenstrom*

$$t = \frac{2V_e}{\mu A\sqrt{2gh_1}}$$ *wirkliche Ausflusszeit*

4 Festigkeitslehre

4.1 Zug- und Druckbeanspruchung

Die Gleichungen gelten mit den entsprechenden Bezeichnungen auch für die Druckbeanspruchung.

Zughauptgleichung $\sigma_z = \frac{F_N}{A}$ in $\frac{N}{mm^2}$

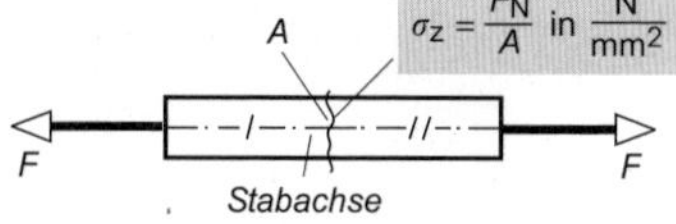

erforderlicher Querschnitt $$A_{erf} = \frac{F_N}{\sigma_{z\,zul}}$$

vorhandene Spannung $$\sigma_{z\,vorh} = \frac{F_N}{A} \leq \sigma_{z\,zul}$$

maximale Belastung $$F_{N\,max} = \sigma_{z\,zul}\, A$$

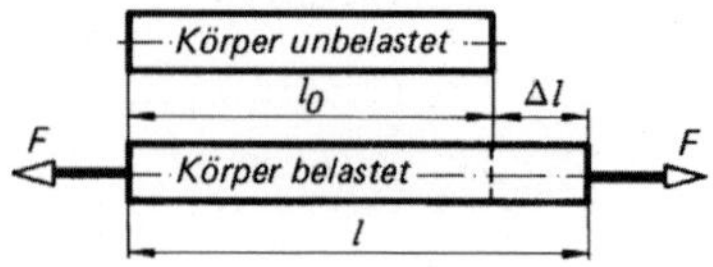

Dehnung $$\epsilon = \frac{\Delta l}{l_0} = \frac{l - l_0}{l_0}$$

Hooke'sches Gesetz $$\sigma = \epsilon\, E = \frac{\Delta l}{l_0} E$$

σ	F	A	$\Delta l, l, l_0$	ϵ	E
$\frac{N}{mm^2}$	N	mm^2	mm	1	$\frac{N}{mm^2}$

E Elastizitätsmodul (4.19 und 4.20)

Reißlänge $$l_r = \frac{R_m}{\varrho\, g}$$

R_m Zugfestigkeit
ϱ Dichte
g Fallbeschleunigung

$$l_r = 10^3 \frac{R_m}{\varrho\, g}$$
Zahlenwertgleichung

l_r	$R_m (\sigma_{zB})$	ϱ	g
km	$\frac{N}{mm^2}$	$\frac{kg}{m^3}$	$\frac{m}{s^2}$

Wärmespannung $$\sigma_\vartheta = \alpha_l\, \Delta T\, E$$

Verlängerung $$\Delta l = l_0\, \alpha_l\, \Delta T$$

ΔT Temperaturdifferenz
α_l Längenausdehnungskoeffizient für Stahl ist $\alpha_l = 12 \cdot 10^{-6}$ 1/K
K Kelvin ist die SI-Basiseinheit der Temperatur (1 K ≙ 1° C)

σ_ϑ, E	α_l	ΔT	$\Delta l, l_0$
$\frac{N}{mm^2}$	$\frac{1}{K}$	K	mm

4.2 Abscherbeanspruchung

Abscherhauptgleichung $\tau_a = \frac{F_q}{A}$ in $\frac{N}{mm^2}$

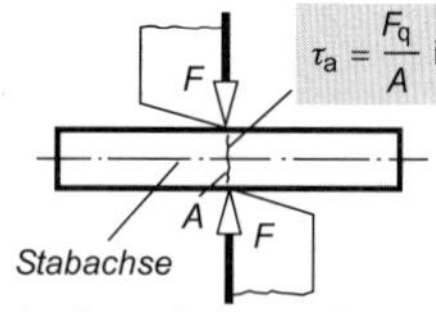

erforderlicher Querschnitt $$A_{erf} = \frac{F_q}{\tau_{a\,zul}}$$

$$\tau = \gamma\, G = \frac{\Delta l}{l_0} G$$
Hooke'sches Gesetz für Schub

vorhandene Spannung $$\tau_{a\,vorh} = \frac{F_q}{A} \leq \tau_{a\,zul}$$

τ, R_m	F	A	$\Delta l, l_0$	γ	G
$\frac{N}{mm^2}$	N	mm^2	mm	1	$\frac{N}{mm^2}$

maximale Belastung $$F_{q\,max} = A\, \tau_{a\,zul}$$

Abscherfestigkeit
$$\tau_{aB} = 0{,}85\, R_m \quad \text{für Stahl}$$
$$\tau_{aB} = 1{,}1\, R_m \quad \text{für Gusseisen}$$

G Schubmodul

4.3 Flächenpressung und Lochleibungsdruck

Flächenpressung in Gleitlagern und Bolzenverbindungen $$p = \frac{F}{A_{proj}} = \frac{F}{d\, l} \leq p_{zul}$$

Lochleibungsdruck $$\sigma_l = \frac{F}{A_{proj}} = \frac{F}{n\, d_1\, s} \leq \sigma_{l\,zul}$$

d_1 Durchmesser des geschlagenen Niets
n Anzahl der Niete
A_{proj} projizierte Fläche

Flächenpressung im Gewinde $$p = \frac{F}{A_{proj}} = \frac{F\, P}{\pi\, d_2\, H_1\, m}$$

P Gewindesteigung
H_1 Tragtiefe
d_2 Flankendurchmesser
m Mutterhöhe
} Tabellen 5.1 und 5.2

s kleinste Blechdickensumme in einer Kraftrichtung

4.4 Flächenmoment 2. Grades zusammengesetzter Flächen

Verschiebesatz von Steiner

$$I = I_1 + A_1 l_1^2 + I_2 + A_2 l_2^2 + ... + I_n + A_n l_n^2$$

Hinweis: Fallen Teilschwerachsen und Bezugsachsen zusammen, dann sind die Abstände l_1, l_2 … gleich null und es wird $I = I_1 + I_2 + … + I_n$, d.h. die Teilflächenmomente 2. Grades werden einfach addiert.

4.5 Verdrehbeanspruchung (Torsion)

erforderliches Widerstandsmoment

$$W_{\text{perf}} = \frac{M_T}{\tau_{\text{t zul}}}$$

vorhandene Spannung

$$\tau_{\text{t vorh}} = \frac{M_T}{W_p} \leq \tau_{\text{t zul}}$$

maximales Torsionsmoment

$$M_{\text{T max}} = W_p \, \tau_{\text{t zul}}$$

erforderlicher Durchmesser für Kreisquerschnitt

$$d_{\text{erf}} = \sqrt[3]{\frac{16\, M_T}{\pi\, \tau_{\text{t zul}}}}$$

$$M = M_T = 9550 \frac{P}{n}$$

M, M_T	P	n
Nm	kW	min^{-1}

Zahlenwertgleichung

Torsionshauptgleichung

$$\tau_t = \frac{M_T}{W_p} \text{ in } \frac{N}{mm^2}$$

Hinweis: Das (äußere) Drehmoment M ist gleich dem (inneren) Torsionsmoment M_T ($M = M_T$)

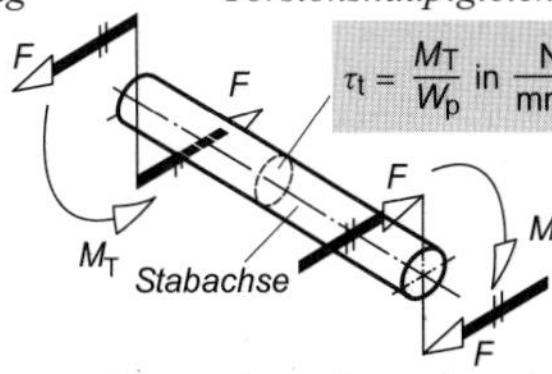

τ_t, G	M_T	W_p	I_p	l, r	φ
$\frac{N}{mm^2}$	Nmm	mm^3	mm^4	mm	°

Verdrehwinkel in Grad

$$\varphi = \frac{\tau_t\, l}{G\, r} \cdot \frac{180°}{\pi} \qquad \varphi = \frac{M_T\, l}{W_p\, r\, G} \cdot \frac{180°}{\pi} \qquad \varphi = \frac{M_T\, l}{I_p\, G} \cdot \frac{180°}{\pi}$$

G Schubmodul (4.18) W_p, I_p (4.14)

4.6 Biegebeanspruchung

erforderliches Widerstandsmoment

$$W_{\text{erf}} = \frac{M_{\text{b max}}}{\sigma_{\text{b zul}}}$$

vorhandene Spannung

$$\sigma_{\text{b vorh}} = \frac{M_{\text{b max}}}{W} \leq \sigma_{\text{b zul}}$$

maximales Biegemoment

$$M_{\text{b max}} = W \sigma_{\text{b zul}}$$

erforderlicher Durchmesser für Kreisquerschnitt

$$d_{\text{erf}} = \sqrt[3]{\frac{32\, M_b}{\pi\, \sigma_{\text{b zul}}}}$$

Biegehauptgleichung

$$\sigma_b = \frac{M_b}{W} \text{ in } \frac{N}{mm^2}$$

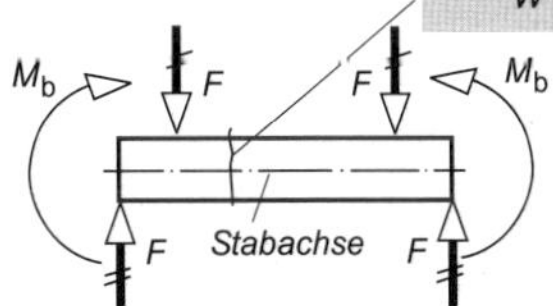

σ_b	M_b	W	I	e_1, e_2, d
$\frac{N}{mm^2}$	Nmm	mm^3	mm^4	mm

Spannungsverteilung im unsymmetrischen Querschnitt

größte Zugspannung

$$\sigma_{\text{z max}} = \frac{M_b\, e_1}{I} = \frac{M_b}{W_1}$$

größte Druckspannung

$$\sigma_{\text{d max}} = \frac{M_b\, e_2}{I} = \frac{M_b}{W_2}$$

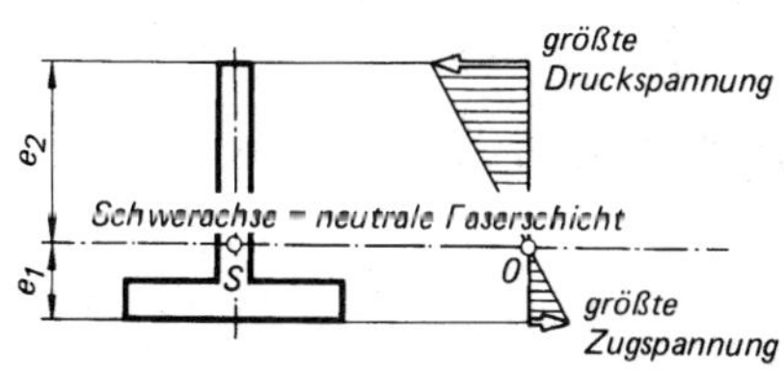

4.7 Knickbeanspruchung

Knickkraft nach Euler $$F_K = \frac{E I_{min} \pi^2}{s^2}$$ s freie Knicklänge

erforderliches Flächenmoment 2. Grades nach Euler $$I_{erf} = \frac{\nu F s^2}{E \pi^2}$$ $\lambda_{vorh} > \lambda_0$ *Eulerbedingung*

Knickspannung nach Euler $$\sigma_K = \frac{E \pi^2}{\lambda^2}$$

Sicherheit gegen Knicken $$\nu = \frac{F_K}{F} = \frac{\sigma_K}{\sigma_{d\,vorh}}$$ $\nu \approx 3 \dots 10$ im Maschinenbau

Schlankheitsgrad $$\lambda = \frac{s}{i}$$ *Trägheitsradius* $$i = \sqrt{\frac{I}{A}}$$

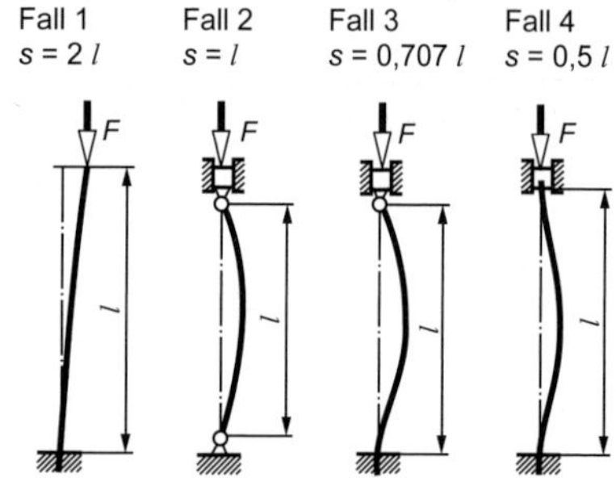

σ_K, E	I	F_K, F	A	i, d, s, l	λ
$\frac{N}{mm^2}$	mm^4	N	mm^2	mm	1

Grenzschlankheitsgrad λ_0 für Euler'sche Knickung und Tetmajergleichungen

Werkstoff	E-Modul in $\frac{N}{mm^2}$	Grenz-schlankheitsgrad λ_0	Tetmajergleichungen für σ_K in $\frac{N}{mm^2}$
Nadelholz	10 000	100	$\sigma_K = 29{,}3 - 0{,}194 \cdot \lambda$
Gusseisen	100 000	80	$\sigma_K = 776 - 12 \cdot \lambda + 0{,}053 \cdot \lambda^2$
S235JR	210 000	105	$\sigma_K = 310 - 1{,}14 \cdot \lambda$
E295 und E335	210 000	89	$\sigma_K = 335 - 0{,}62 \cdot \lambda$
Al Cu Mg	70 000	66	Die Tetmajergleichungen sind Zahlenwertgleichungen mit σ_K in N/mm².
Al Mg3	70 000	110	

4.8 Knickung im Stahlbau

Druckstäbe (Stützen) werden im Stahlbau nach DIN 18 800 auf Tragsicherheit berechnet.

Tragsicherheit besteht dann, wenn in der Ausweichrichtung des Stabs bei planmäßig mittigem Druck die Tragsicherheits-Hauptgleichung erfüllt ist.

$$\frac{F}{\kappa F_{pl}} \leq 1$$

F	F_{pl}	κ
N	N	1

F Belastung (Normalkraft) in Richtung der Stabachse, F_{pl} Normalkraft im vollplastischen Zustand (Tabelle 4.18), κ Abminderungsfaktor (Arbeitsplan zum Tragsicherheitsnachweis für einteilige Knickstäbe, Nr. 8).

Eine Bemessung der Stabquerschnitte ist über den Tragsicherheitsnachweis nicht möglich, weil die Tragsicherheits-Hauptgleichung keine direkte Bezugsgröße für einen Stabquerschnitt enthält. Man nimmt daher versuchsweise einen Stabquerschnitt an und ermittelt damit der Reihe nach die im folgenden Arbeitsplan aufgeführten Größen. Ist am Ende die Bedingung $F/(\kappa F_{pl}) \leq 1$ nicht erfüllt, muss die Rechnung mit geänderten Annahmen wiederholt werden.

Arbeitsplan zum Tragsicherheitsnachweis für einteilige Knickstäbe

Gegeben: Querschnittsabmessungen (Profil), Werkstoff, Belastung F des Druckstabs
Gesucht: Tragsicherheitsnachweis

1. Knicklänge s_K

$$s_K = \beta l$$

s_K	β	l
mm	1	mm

2. Knicklängenbeiwert β und Systemlänge l nach Bild in 4.7

Fall 1	Fall 2	Fall 3	Fall 4
$\beta = 2$	$\beta = 1$	$\beta = 0{,}7$	$\beta = 0{,}5$

3. Trägheitsradius i

$$i = \sqrt{\frac{I}{A}}$$

i	I	A
mm	mm^4	mm^2

4. Schlankheitsgrad λ_K

$$\lambda_K = \frac{s_K}{i}$$

i Trägheitsradius, I Flächenmoment 2. Grades
A Querschnittsfläche, (i, I und A in den Tabellen 4.13 – 4.15).

5. bezogener Schlankheitsgrad

$$\bar{\lambda}_K = \frac{\lambda_K}{\lambda_a}$$

$\bar{\lambda}_K$	λ_K	λ_a
1	1	1

λ_K Schlankheitsgrad, λ_a Bezugsschlankheitsgrad

6. Bezugsschlankheitsgrad λ_a

$$\lambda_a = \pi \sqrt{\frac{E}{R_e}}$$

λ_K	E	R_e
1	$\frac{N}{mm^2}$	$\frac{N}{mm^2}$

E Elastizitätsmodul = 210 000 N/mm², R_e Streckgrenze nach Tabelle 4.16.
Danach ergibt sich λ_a für die im Stahlbau verwendeten Werkstoffe:
S235JR mit $R_e = 240\ N/mm^2$ und einer Erzeugnisdicke $t \le 40$ mm zu $\lambda_a = 92{,}9$,
S335J2G3 mit $R_e = 360\ N/mm^2$ und einer Erzeugnisdicke $t \le 40$ mm zu $\lambda_a = 75{,}9$.
Stahlbezeichnungen siehe Tabelle 4.21.

7. Festlegen einer Knickspannungslinie in Abhängigkeit von der gewählten Stab-Querschnittsform [1)]

Querschnittsformen		Ausknicken rechtwinklig zur Achse	Knick-spannungs-linie
Gewalzte Doppel-T-Profile (siehe Tabelle 4.26, 4.27)	$h/b > 1{,}2$ und $t \le 40$ mm	x y	a b
	$h/b > 1{,}2$ und $40 < t \le 80$ mm $h/b \le 1{,}2$ und $t \le 80$ mm	x y	b c
	$t \le 80$ mm	x und y	d
U-, L-, T-Querschnitte (siehe Tabelle 4.24, 4.25)		x und y	c

[1)] nach DIN 18 800, Teil 2, Tabelle 5

8. Abminderungsfaktor κ

Der Abminderungsfaktor κ für die Knickspannungslinien a, b, c und d wird mit den folgenden Formeln berechnet:

Bereich $\overline{\lambda}_K \le 0{,}2$	Bereich $\overline{\lambda}_K > 0{,}2$	Bereich $\overline{\lambda}_K > 0{,}3$
$\kappa = 1$	$\kappa = \dfrac{1}{k + \sqrt{k^2 - \overline{\lambda}_K^2}}$ mit $k = 0{,}5\,[1 + \alpha(\overline{\lambda}_K - 0{,}2) + \overline{\lambda}_K^2$	$\kappa = \dfrac{1}{\left[\overline{\lambda}_K \cdot (\overline{\lambda}_K + \alpha)\right]}$

9. Der Parameter α ist abhängig von den Knickspannungslinien:

Knickspannungslinie	a	b	c	d
α	0,21	0,34	0,49	0,76

10. Normalkraft F_{pl}

$$F_{pl} = R_e\, A$$

F_{pl}	R_e	A
N	$\frac{N}{mm^2}$	mm^2

F_{pl} ist diejenige Druckkraft, bei der im Werkstoff des Stabs vom Querschnitt A vollplastischer Zustand erreicht wird. Als Widerstandsgröße kann die Streckgrenze R_e oder die obere Streckgrenze R_{eH} eingesetzt werden.

Normalkraft $F_{pl} = R_e\,A$ in kN für verschiedene Walzprofile:

Profil	A mm²	F_{pl} [1] kN	F_{pl} [2] kN	Profil	A mm²	F_{pl} [1] kN	F_{pl} [2] kN	Profil	A mm²	F_{pl} [1] kN	F_{pl} [2] kN
L40×6	448	96	105	IPE 80	764	164	180	U50	712	153	167
L50×6	569	122	134	IPE 100	1000	215	235	U80	1100	237	259
L60×6	691	149	162	IPE 120	1320	284	310	U100	1350	290	317
L70×7	940	202	221	IPE 140	1640	353	385	U140	2040	439	479
L80×8	1230	264	289	IPE 160	2010	432	472	U160	2400	516	564
L80×10	1510	325	355	IPE 180	2390	514	562	U180	2800	602	658
L90×9	1550	333	364	IPE 200	2850	613	670	U200	3220	692	757
L100×10	1920	413	451	IPE 220	3340	718	785	U220	3740	804	879
L120×13	2970	639	698	IPE 240	3910	841	919	U240	4230	909	994
L140×15	4000	860	940	IPE 270	4590	987	1079	U260	4830	1038	1135
L150×16	4570	983	1074	IPE 300	5380	1157	1264	U280	5330	1146	1253
L160×19	5750	1236	1351	IPE 360	7270	1563	1708	U300	5880	1264	1382
L180×18	6190	1331	1455	IPE 400	8450	1817	1986	U350	7730	1662	1817
L200×20	7640	1643	1795	IPE 500	11600	2494	2726	U400	9150	1967	2150

[1] mit $R_e = 215\ N/mm^2$ gerechnet, [2] mit $R_e = 235\ N/mm^2$ gerechnet

11. Tragsicherheitsnachweis

Zum Abschluss der Rechnung ist mit der Tragsicherheits-Hauptgleichung $F/(\kappa F_{pl}) \le 1$ die zulässige Querschnittswahl nachzuweisen oder mit einem anderen Profil oder mit einem anderen Stabquerschnitt die Prüfung zu wiederholen.

4.9 Zusammengesetzte Beanspruchung

Biegung und Zug

resultierende Zug(Druck-)Spannung

$$\sigma_{\text{res Zug}} = \frac{M_b}{W} + \frac{F}{A} = \sigma_{bz} + \sigma_z$$

$$\sigma_{\text{res Druck}} = \frac{M_b}{W} - \frac{F}{A} = \sigma_{bd} - \sigma_z$$

σ	F	A	M_b	W
$\frac{\text{N}}{\text{mm}^2}$	N	mm^2	Nmm	mm^3

Biegung und Torsion
(bei Wellen mit Kreisquerschnitt)

Vergleichsspannung

$$\sigma_v = \sqrt{\sigma_b^2 + 3(\alpha_0\,\tau_t)^2}$$

Vergleichsmoment

$$M_v = \sqrt{M_b^2 + 0{,}75(\alpha_0\,M_T)^2}$$

erforderlicher Wellendurchmesser

$$d_{\text{erf}} = \sqrt[3]{\frac{32\,M_v}{\pi\,\sigma_{\text{b zul}}}}$$

α_0 = Anstrengungsverhältnis $= \dfrac{\sigma_{\text{b zul}}}{1{,}73\,\tau_{\text{t zul}}}$

$\alpha_0 \approx 1$ – wenn σ_b und τ_t im gleichen Belastungsfall

$\alpha_0 \approx 0{,}7$ – wenn σ_b wechselnd (III) und τ_t schwellend (II) oder ruhend (I)

σ	α_0	M_v, M_b, M_T	d
$\frac{\text{N}}{\text{mm}^2}$	1	Nmm	mm

4.10 Kerbspannung

Spannungsspitze infolge Kerbwirkung

$$\sigma_{max} = \sigma_n\,\alpha_k$$

σ_{max} Spannungsspitze im Kerbgrund
σ_n rechnerische (Nenn-)spannung
α_k Kerbformzahl (4.19)

Kerbwirkungszahl

$$\eta_k = \frac{1}{1 + \frac{8}{r}\left(1 - \frac{R_{p0,2}}{R_m}\right)^3}$$

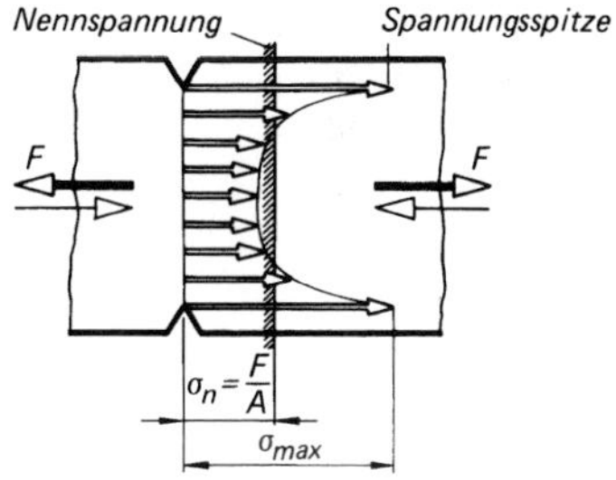

4.11 Dauerbruchsicherheit im Maschinenbau

4.11.1 Sicherheit S_D bei ruhender Belastung

Zugehöriger Festigkeitswert ist für Baustahl die Streckgrenze R_e des verwendeten Werkstoffs und der vorliegenden Beanspruchungsart (Zug, Druck, Biegung, Torsion). Bei festeren Stahlsorten wie Vergütungsstahl tritt an die Stelle der Streckgrenze die 0,2 %-Dehngrenze $R_{p\,0,2}$ (siehe Tabelle 4.17). σ_n ist die Nennspannung.
Bei Werkstoffen ohne ausgeprägte Fließgrenze wie Gusseisen werden die Zugfestigkeit R_m und die Bruchfestigkeiten σ_{dB}, σ_{bB} aus Tabelle 4.18 verwendet.

$$S_D = \frac{R_e}{\sigma_n} = \frac{R_{p0,2}}{\sigma_n} \geq S_{min} = 1{,}5$$

gilt für Stahl (σ_n Nennspannung)

$$S_D = \frac{R_m}{\sigma_n} \geq S_{min} = 2{,}0$$

(gilt für Gusseisen)

4.11.2 Sicherheit S_D bei dynamischer Belastung

Der zugehörige Festigkeitswert ist die Dauerfestigkeit σ_D des verwendeten Werkstoffs bei der vorliegenden Beanspruchungsart (Zug/Druck, Biegung, Torsion). Bei festeren Stahlsorten wie Vergütungsstahl tritt an die Stelle der Streckgrenze die 0,2 %-Dehngrenze $R_{p\,0,2}$ (siehe Tabelle 4.17). σ_n ist die Nennspannung. Die Dauerfestigkeit σ_D des Probestabs wird durch die Faktoren b_1, b_2, β_k verringert.

$$S_D = \frac{\sigma_D\,b_1\,b_2}{\beta_k\,\sigma_n} \geq S_{min} = 1{,}2$$

(für Bauteile mit Kerbwirkung)

σ_n Nennspannung
b_1 Oberflächenbeiwert, siehe Diagramm 4.20
b_2 Größenbeiwert, siehe Diagramm 4.20
β_k Kerbwirkungszahl siehe Tabelle 4.19

Dauerfestigkeitswerte σ_D in 4.17 und 4.18. Kerbwirkungszahlen β_k sowie Oberflächenbeiwert b_1 und Größenbeiwert b_2 in 4.19 und 4.20.

4.12 Stützkräfte, Biegemomente und Durchbiegungen bei Biegeträgern von gleichbleibendem Querschnitt

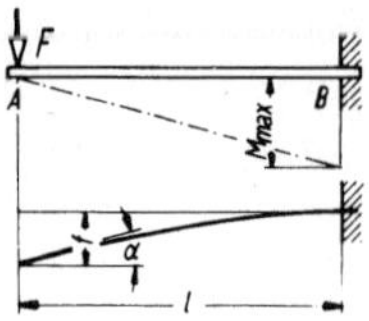

$F_B = F$

$M_{max} = F\,l$

$f = \dfrac{F\,l^3}{3\,E\,I}$

$\tan\alpha = \dfrac{F\,l^2}{2\,E\,I} = \dfrac{3f}{2l}$

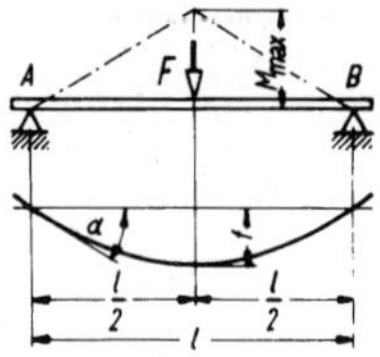

$F_A = F_B = \dfrac{F}{2}$

$M_{max} = \dfrac{F\,l}{4}$

$f = \dfrac{F\,l^3}{48\,E\,I}$

$\tan\alpha = \dfrac{F\,l^2}{16\,E\,I} = \dfrac{3f}{l}$

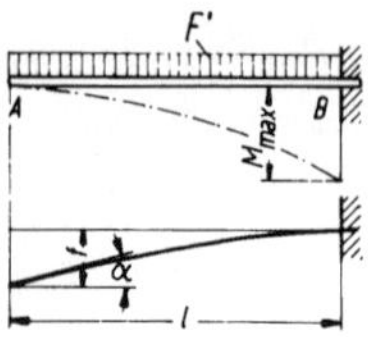

$F_B = F = F'\,l$

$M_{max} = \dfrac{F\,l}{2}$

$f = \dfrac{F\,l^3}{8\,E\,I}$

$\tan\alpha = \dfrac{F\,l^2}{6\,E\,I} = \dfrac{4f}{3l}$

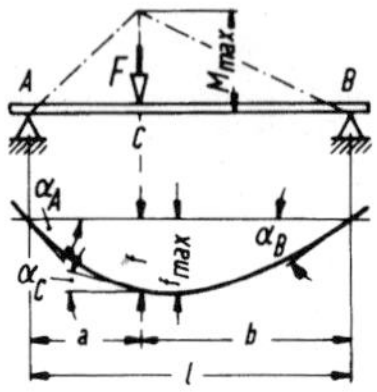

$M_{max} = F\,\dfrac{ab}{l}$

$f = \dfrac{F\,a^2\,b^2}{3\,E\,I\,l}$

$f_{max} = f\,\dfrac{l+a}{3a}\sqrt{\dfrac{l+a}{3b}}$

$\tan\alpha_A = f\left(\dfrac{1}{a} + \dfrac{1}{2b}\right)$ $\tan\alpha_B = f\left(\dfrac{1}{b} + \dfrac{1}{2a}\right)$

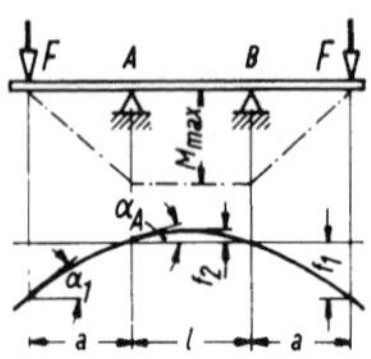

$F_A = F_B = F$

$M_{max} = F\,a$

$f_1 = \dfrac{F\,a^2}{E\,I}\left(\dfrac{a}{3} + \dfrac{l}{2}\right)$

$f_2 = \dfrac{F\,a\,l^2}{8\,E\,I}$

$\tan\alpha_1 = \dfrac{F\,a\,(l+a)}{2\,E\,I}$ $\tan\alpha_A = \dfrac{F\,a\,l}{2\,E\,I}$

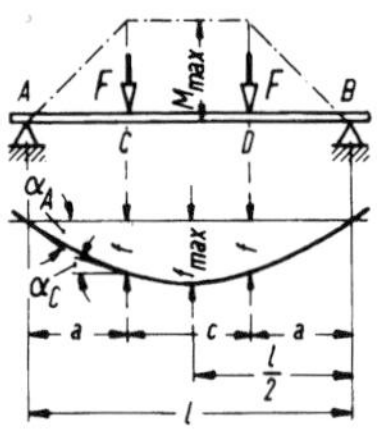

$F_A = F_B = F$

$M_{max} = F\,a$

$f = \dfrac{F\,l^3\,a^2}{2\,E\,I\,l^2}\left(1 - \dfrac{4a}{3l}\right)$

$f_{max} = \dfrac{F\,l^3\,a}{8\,E\,I\,l}\left(1 - \dfrac{4a^2}{3l^2}\right)$

$\tan\alpha_A = \dfrac{F\,a\,(a+c)}{2\,E\,I}$ $\tan\alpha_C = \tan\alpha_D = \dfrac{F\,a\,c}{2\,E\,I}$

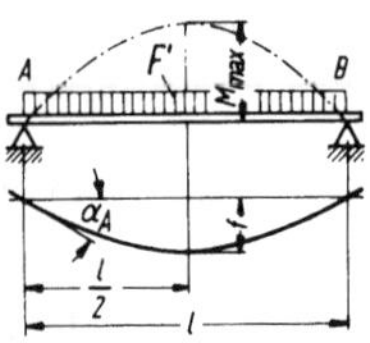

$F_A = F_B = \dfrac{F'\,l}{2}$

$M_{max} = 0{,}125\,F\,l$

$f \approx 0{,}013\,\dfrac{F\,l^3}{E\,I}$

$\tan\alpha_A = \dfrac{F\,l^2}{24\,E\,I} = \dfrac{16\,f}{5\,l}$

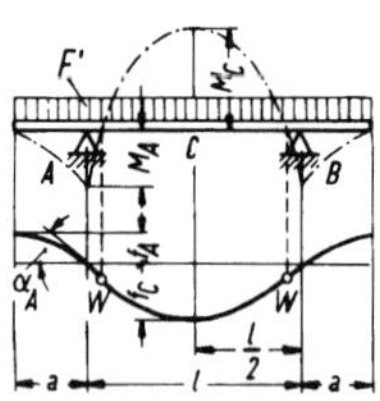

$F_A = F_B = F'\left(\dfrac{l}{2} + a\right)$

$M_A = \dfrac{F'\,a^2}{2}$

$M_C = \dfrac{F'\,l^2}{2}\left[\dfrac{1}{4} - \left(\dfrac{a}{l}\right)^2\right]$

$f_A = \dfrac{F'l^4}{4EI}\left[\dfrac{a}{6l} - \left(\dfrac{a}{l}\right)^3 - \dfrac{1}{2}\left(\dfrac{a}{l}\right)^4\right]$

$\tan\alpha_A = \dfrac{F'l^3}{4EI}\left[\dfrac{1}{6} - \left(\dfrac{a}{l}\right)^2\right]$ $f_C = \dfrac{F'l^4}{16EI}\left[\dfrac{5}{24} - \left(\dfrac{a}{l}\right)^2\right]$

4.13 Axiale Flächenmomente 2. Grades *I*, Widerstandsmomente *W* und Trägheitsradius *i* für Biegung und Knickung

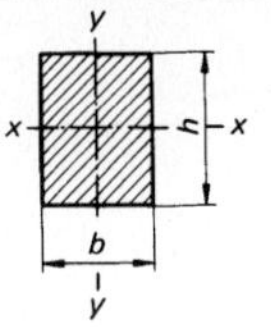	$I_x = \frac{bh^3}{12}$ $\quad I_y = \frac{hb^3}{12}$ $W_x = \frac{bh^2}{6}$ $\quad W_y = \frac{hb^2}{6}$ $i_x = 0{,}289\,h$ $\quad i_y = 0{,}289\,b$	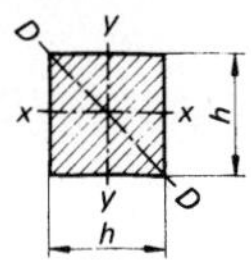	$I_x = I_y = I_D = \frac{h^4}{12}$ $W_x = W_y = \frac{h^3}{6}$ $\quad W_D = \sqrt{2}\,\frac{h^3}{12}$ $i = 0{,}289\,h$
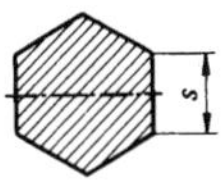	$I = \frac{5\sqrt{3}}{16}s^4 = 0{,}5413\,s^4$ $W = 0{,}5413\,s^3$ $i = 0{,}456\,s$	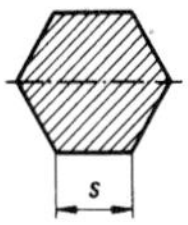	$I = \frac{5\sqrt{3}}{16}s^4 = 0{,}5413\,s^4$ $W = \frac{5}{8}s^3 = 0{,}625\,s^3$ $i = 0{,}456\,s$
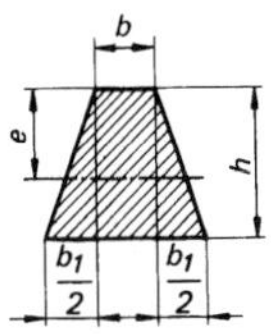	$I = \frac{6b^2 + 6bb_1 + b_1^2}{36\,(2b + b_1)}h^3$ $W = \frac{6b^2 + 6bb_1 + b_1^2}{12\,(3b + 2b_1)}h^2$ $e = \frac{1}{3}\,\frac{3b + 2b_1}{2b + b_1}h$	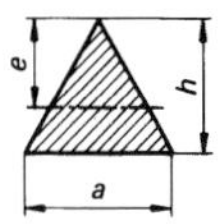	$I = \frac{ah^3}{36}$ $\quad e = \frac{2}{3}h$ $W = \frac{ah^2}{24}$ $\quad i = 0{,}236\,h$
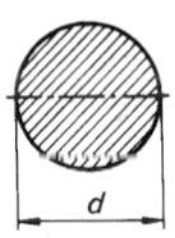	$I = \frac{\pi d^4}{64} \approx \frac{d^4}{20}$ $W = \frac{\pi d^3}{32} \approx \frac{d^3}{10}$ $i = \frac{d}{4}$	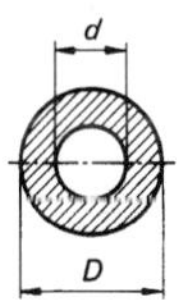	$I = \frac{\pi}{64}(D^4 - d^4)$ $W = \frac{\pi}{32}\,\frac{D^4 - d^4}{D}$ $i = 0{,}25\sqrt{D^2 + d^2}$
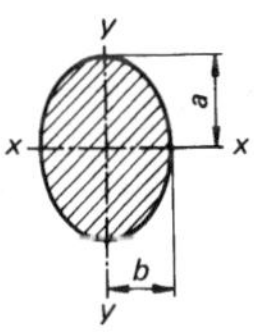	$I_x = \frac{\pi a^3 b}{4}$ $\quad I_y = \frac{\pi b^3 a}{4}$ $W_x = \frac{\pi a^2 b}{4}$ $\quad W_y = \frac{\pi b^2 a}{4}$ $i_x = \frac{a}{2}$ $\quad i_y = \frac{b}{2}$	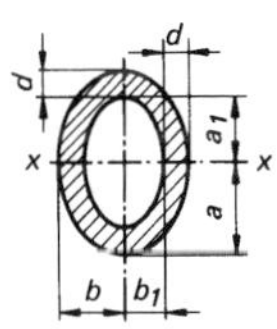	$I_x = \frac{\pi}{4}(a^3 b - a_1^3 b_1)$ $I_x \approx \frac{\pi}{4}a^2 d\,(a + 3b)$ $W = \frac{I_x}{a} \approx \frac{\pi}{4}ad\,(a + 3b)$

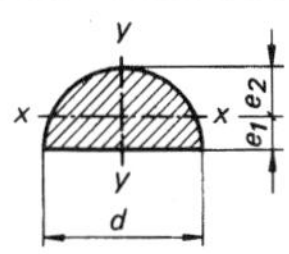

$I_x = 0{,}0068\,d^4$ $\quad I_y = 0{,}0245\,d^4$ $\quad e_1 = \frac{4r}{3\pi} = 0{,}4244\,r$ $\quad e_2 = 0{,}5756\,r$

$W_{x1} = 0{,}032\,d^3$ $\quad W_{x2} = 0{,}0236\,d^3$

$W_y = 0{,}049\,d^3$ $\quad i_x = 0{,}132\,d$

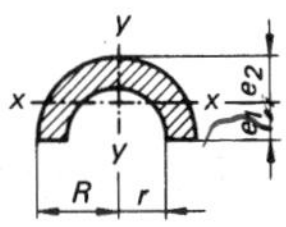

$I_x = 0{,}1098\,(R^4 - r^4) - 0{,}283\,R^2 r^2\,\frac{R - r}{R + r}$ $\quad W_{x1} = \frac{I_x}{e_1}$ $\quad e_1 = \frac{2\,(D^3 - d^3)}{3\pi\,(D^2 - d^2)}$

$I_y = \pi\,\frac{R^4 - r^4}{8}$ $\quad W_y = \pi\,\frac{(R^4 - r^4)}{8R}$ $\quad W_{x2} = \frac{I_x}{e_2}$

4 Festigkeitslehre

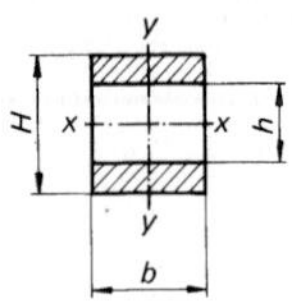

$$I_x = \frac{b}{12}(H^3 - h^3) \qquad I_y = \frac{b^3}{12}(H - h)$$

$$W_x = \frac{b}{6H}(H^3 - h^3) \qquad W_y = \frac{b^2}{6}(H - h)$$

$$i_x = \sqrt{\frac{H^3 - h^3}{12\,(H - h)}} \qquad i_y = 0{,}289\, b$$

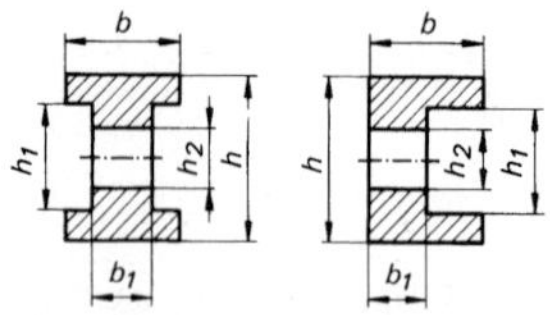

$$I = \frac{b\,(h^3 - h_1^3) + b_1\,(h_1^3 - h_2^3)}{12}$$

$$W = \frac{b\,(h^3 - h_1^3) + b_1\,(h_1^3 - h_2^3)}{6\,h}$$

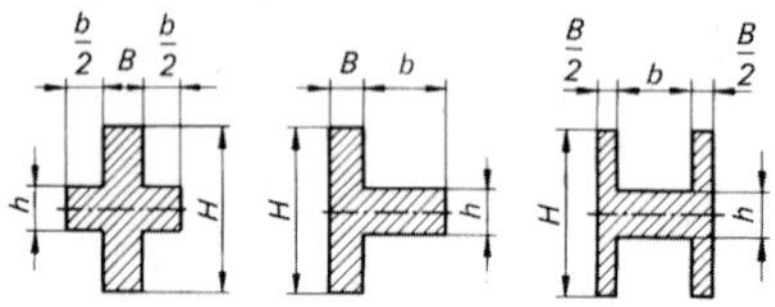

$$I = \frac{BH^3 + b\,h^3}{12}$$

$$W = \frac{BH^3 + b\,h^3}{6H}$$

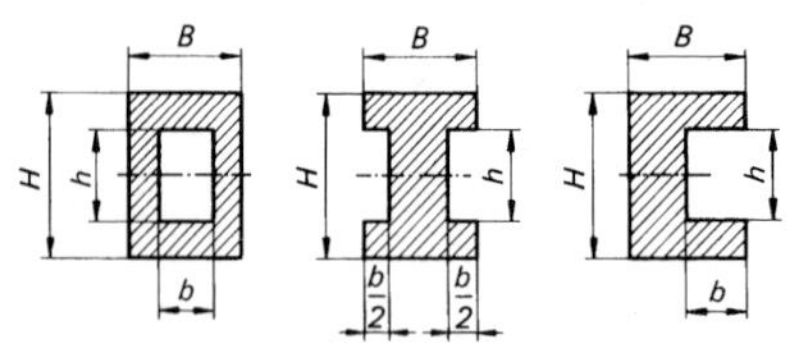

$$I = \frac{BH^3 - b\,h^3}{12}$$

$$W = \frac{BH^3 - b\,h^3}{6H}$$

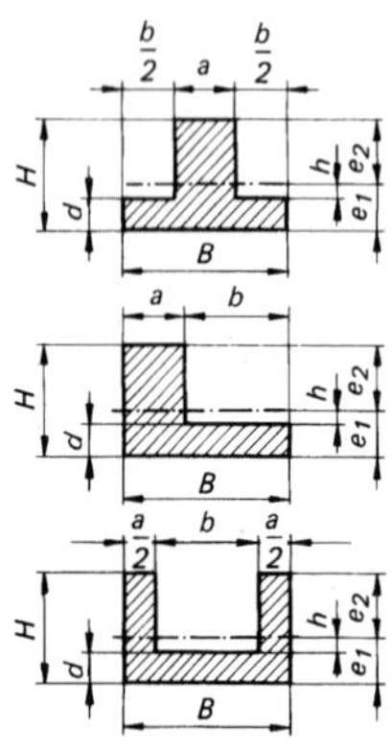

$$I = \frac{1}{3}\,(B e_1^3 - b h^3 + a e_2^3)$$

$$e_1 = \frac{1}{2} \cdot \frac{a H^2 + b d^2}{a H + b d}$$

$$e_2 = H - e_1$$

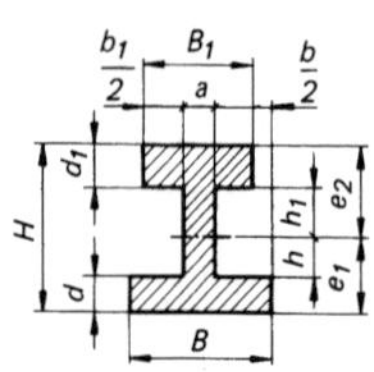

$$I = \frac{1}{3}\,(B e_1^3 - b h^3 + B_1 e_2^3 - b_1 h_1^3)$$

$$e_1 = \frac{1}{2} \cdot \frac{a H^2 + b d^2 + b_1 d_1\,(2\,H - d_1)}{a H + b d + b_1 d_1}$$

$$e_2 = H - e_1$$

4.14 Polare Flächenmomente 2. Grades I_p und Widerstandsmomente W_p für Torsion

Querschnitt	Widerstandsmoment W_p	Flächenmoment I_p	Bemerkung
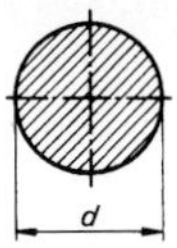	$W_p = \frac{\pi}{16} d^3 \approx \frac{d^3}{5}$	$I_p = \frac{\pi}{32} d^4 \approx \frac{d^4}{10}$	größte Spannung in allen Punkten des Umfangs
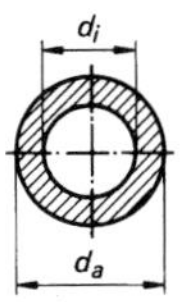	$W_p = \frac{\pi}{16} \cdot \frac{d_a^4 - d_i^4}{d_a}$	$I_p = \frac{\pi}{32} (d_a^4 - d_i^4)$	größte Spannung in allen Punkten des Umfangs
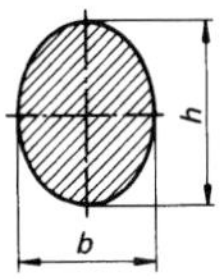	$W_p = \frac{\pi}{16} n b^3$ $\frac{h}{b} = n > 1$	$I_p = \frac{\pi}{16} \cdot \frac{n^3 b^4}{n^2 + 1}$	in den Endpunkten der kleinen Achse: $\tau_{t\,max} = \frac{M_T}{W_p}$ in den Endpunkten der großen Achse: $\tau_t = \frac{\tau_{t\,max}}{n}$
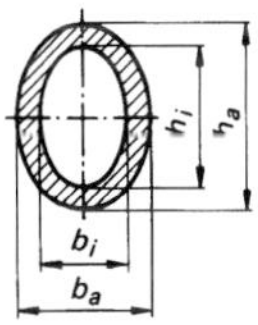	$\frac{h_a}{b_a} = \frac{h_i}{b_i} = n > 1$ $\frac{h_1}{h_a} = \frac{b_1}{b_a} = \alpha < 1$ $W_p = \frac{\pi}{16} n b_a^3 (1 - \alpha^4)$	$I_p = \frac{\pi}{16} \cdot \frac{n^3}{n^2 + 1} \cdot$ $\cdot b_a^4 (1 - \alpha^4)$	in den Endpunkten der kleinen Achse: $\tau_{t\,max}$ in den Endpunkten der großen Achse: $\tau_t = \frac{\tau_{t\,max}}{n}$
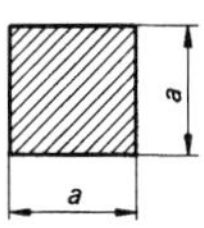	$W_p = 0{,}208\, a^3$	$I_p = 0{,}14\, a^4 = \frac{a^4}{7{,}1}$	in der Mitte der Seite: $\tau_{t\,max}$ in den Ecken: $\tau_t = 0$
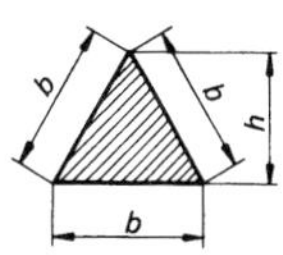	$W_p = 0{,}05\, b^3 = \frac{h^3}{7{,}5\sqrt{3}}$ $W_p = \frac{h^3}{13} = \frac{2 I_t}{h}$	$I_p = \frac{h^4}{15\sqrt{3}}$ $I_p = \frac{b^4}{46{,}2}$	in der Mitte der Seite: $\tau_{t\,max}$ in den Ecken: $\tau_t = 0$

4 Festigkeitslehre

4.15 Träger gleicher Biegebeanspruchung		
Längs- und Querschnitt des Trägers	Begrenzung des Längsschnitts	Gleichungen zur Berechnung der Querschnitts-Abmessungen
Die Last F greift am Ende des Trägers an:		
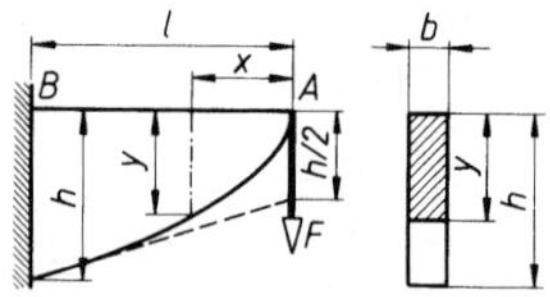	obere Begrenzung: Gerade untere Begrenzung: Quadratische Parabel	$y=\sqrt{\frac{6F}{b\,\sigma_{zul}}x}$ $h=\sqrt{\frac{6Fl}{b\,\sigma_{zul}}}$ $y=h\sqrt{\frac{x}{l}}$ Durchbiegung in A: $f=\frac{8F}{bE}\left(\frac{l}{h}\right)^3$
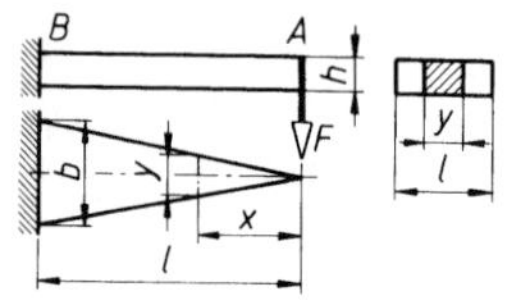	Gerade	$y=\frac{6F}{h^2\,\sigma_{zul}}x$ $b=\frac{6Fl}{h^2\,\sigma_{zul}}$ $y=\frac{bx}{l}$ Durchbiegung in A: $f=\frac{6F}{bE}\left(\frac{l}{h}\right)^3$
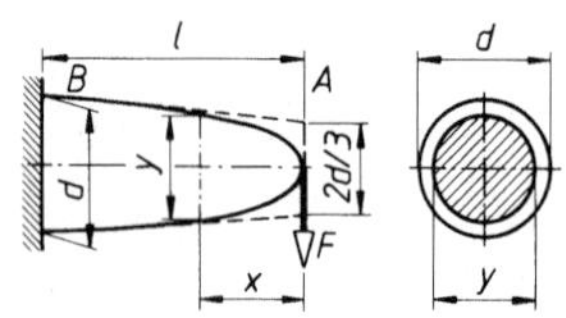	Kubische Parabel	$y=\sqrt[3]{\frac{32F}{\pi\,\sigma_{zul}}x}$ $d=\sqrt[3]{\frac{32Fl}{\pi\,\sigma_{zul}}}$ $y=d\sqrt[3]{\frac{x}{l}}$ Durchbiegung in A: $f=\frac{3}{5}\cdot\frac{Fl^3}{EI}$ $I=\frac{\pi d^4}{64}$
Die Last F ist gleichmäßig über den Träger verteilt:		
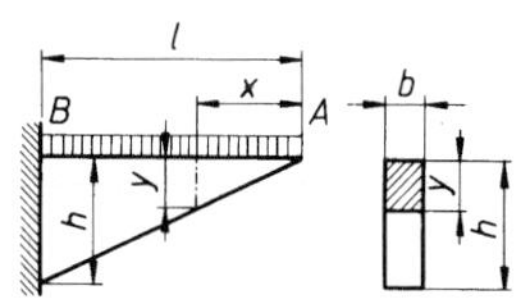	Gerade	$y=x\sqrt{\frac{3F}{bl\,\sigma_{zul}}}$ $h=\sqrt{\frac{3Fl}{b\,\sigma_{zul}}}$ $y=\frac{hx}{l}$ $F=F'\,l$
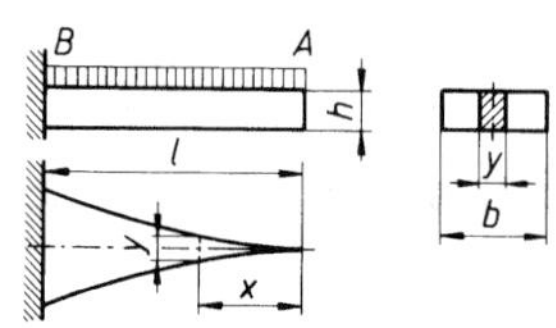	Quadratische Parabel	$y=\frac{3F}{l\,\sigma_{zul}}\left(\frac{x}{h}\right)^2$ $b=\frac{3Fl}{h^2\,\sigma_{zul}}$ $y=\frac{bx^2}{l^2}$ Durchbiegung in A: $f=\frac{3F}{bE}\left(\frac{l}{h}\right)^3$

4.16 Festigkeitswerte für Walzstahl (Bau- und Feinkornbaustahl)

Werkstoff	Bezeichnung	Erzeugnisdicke t mm	Streckgrenze R_e N/mm²	Zugfestigkeit R_m N/mm²
Baustahl[1]	S235JR	$t \leq 40$	240	360
	S235JRG1 S235JRG2 S235J0	$40 < t \leq 80$	215	
Baustahl[1]	E295	$t \leq 40$	360	510
		$40 < t \leq 80$	325	
Feinkornbaustahl[1]	E355	$t \leq 40$	360	700
		$40 < t \leq 80$	325	

Hinweis: Weitere Festigkeitswerte in DIN 18 800 Teil 1, Tabelle 1. Der Elastizitätsmodul E beträgt für alle Baustähle $E = 210\,000$ N/mm².

[1] Bezeichnungen für Baustähle in Tabelle 4.21

4.17 Festigkeitswerte in N/mm² für verschiedene Stahlsorten[1]

Werkstoff	Elastizitätsmoduls E	R_m	R_e $R_{p\,0,2}$	$\sigma_{zd\,Sch}$	$\sigma_{zd\,W}$	$\sigma_{b\,Sch}$[5]	$\sigma_{b\,W}$	$\tau_{t\,Sch}$[6]	$\tau_{t\,W}$	Schubmodul G
S235JR	210 000	360	235	158	160	270	180	115	105	80 000
S275JO	210 000	430	275	185	195	320	215	140	125	80 000
E295	210 000	490	295	205	220	370	245	160	145	80 000
S355JO	210 000	510	355	215	230	380	255	165	150	80 000
E335	210 000	590	335	240	265	435	290	200	170	80 000
E360	210 000	690	360	270	310	500	340	220	200	80 000
50CrMo4[2]	210 000	1100	900	385	495	785	525	350	315	80 000
20MnCr5[3]	210 000	1200	850	365	480	765	510	335	305	80 000
34CrAlNi7[4]	210 000	900	680	335	405	650	435	300	260	80 000

[1] Richtwerte für $d_B < 16$ mm,
[2] Vergütungsstahl
[3] Einsatzstahl
[4] Nitrierstahl
[5] berechnet mit $1{,}5 \cdot \sigma_{bW}$
[6] berechnet mit $1{,}1 \cdot \tau_{tW}$

4.18 Festigkeitswerte in N/mm² für verschiedene Gusseisen-Sorten[1]

Werkstoff	Elastizitätsmodul E	R_m	R_e $R_{p\,0,2}$	σ_{dB}	σ_{bB}	$\sigma_{zd\,W}$	$\sigma_{b\,W}$	$\tau_{t\,W}$	Schubmodul G
GJL-150	82 000	150	90	600	250	40	70	60	35 000
GJL-200	100 000	200	130	720	290	50	90	75	40 000
GJL-250	110 000	250	165	840	340	60	120	100	43 000
GJL-300	120 000	300	195	960	390	75	140	120	49 000
GJL-350	130 000	350	228	1 080	490	85	145	125	52 000
GJMW-400-5	175 000	400	220	1 000	800	120	140	115	67 000
GJMB-350-10	175 000	350	200	1 200	700	1 000	120	100	67 000

[1] Richtwerte für 15 bis 30 mm Wanddicke; für 8 mm bis 15 mm 10 % höher, für > 30 mm 10 % niedriger, Dauerfestigkeitswerte im bearbeiteten Zustand; für Gusshaut 20 % Abzug.

4 Festigkeitslehre

4.19 Richtwerte für die Kerbwirkungszahl β_k [1)]

Kerbform	Beanspruchung	R_m [2)]	β_k
Hinterdrehung in Welle (Rundkerbe)	Biegung	600	2,2
Hinterdrehung in Welle (Rundkerbe)	Torsion	600	1,8
Eindrehung für Axial-Sicherungsring	Biegung	1000	3,5
in Welle	Torsion		2,5
abgesetzte Welle (Lagerzapfen)	Biegung	600	2,2
abgesetzte Welle (Lagerzapfen)	Torsion	600	1,4
Passfedernut in Welle	Biegung	600	2,5
Passfedernut in Welle	Biegung	1000	3,0
Passfedernut in Welle	Torsion	600	1,5
Passfedernut in Welle	Torsion	1000	1,8
Querbohrung in Achse (Schmierloch)	Biegung und Torsion	600	1,6
Flachstab mit Bohrung	Zug	360	1,7
Flachstab mit Bohrung	Biegung	360	1,4
Welle an Übergangsstelle	Biegung	1000	2,7
zu fest sitzender Nabe	Torsion		1,8

[1)] genauere und umfangreichere Werte in DIN 743-2 [2)] Zugfestigkeit R_m in N/mm²

Kerbformzahlen α_k

Rundstab mit Ringnut	D/d			D/d			D/d		
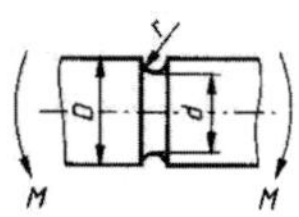	1,02			1,05			1,15		
Biegebeanspruchung	r/d			r/d			r/d		
	0,1	0,2	0,3	0,1	0,2	0,3	0,1	0,2	0,3
Kerbformzahl α_k	1,52	1,35	1,25	1,7	1,46	1,35	1,86	1,55	1,38

Rundstab mit Ringnut	D/d			D/d			D/d		
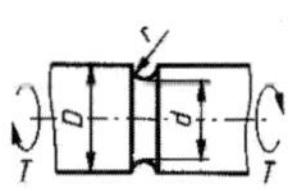	1,02			1,05			1,15		
Torsionsbeanspruchung	r/d			r/d			r/d		
	0,1	0,2	0,3	0,1	0,2	0,3	0,1	0,2	0,3
Kerbformzahl α_k	1,28	1,19	1,12	1,35	1,23	1,17	1,47	1,28	1,23

Rundstab mit Absatz	D/d			D/d			D/d		
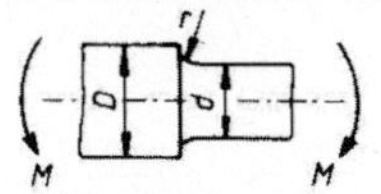	1,02			1,05			1,15		
Biegebeanspruchung	r/d			r/d			r/d		
	0,1	0,2	0,3	0,1	0,2	0,3	0,1	0,2	0,3
Kerbformzahl α_k	1,44	1,28	1,19	1,48	1,34	1,23	1,66	1,44	1,3

Rundstab mit Absatz	D/d			D/d			D/d		
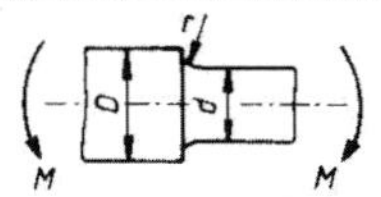	1,02			1,05			1,15		
Torsionsbeanspruchung	r/d			r/d			r/d		
	0,1	0,2	0,3	0,1	0,2	0,3	0,1	0,2	0,3
Kerbformzahl α_k	1,15	1,08	1,05	1,17	1,1	1,02	1,3	1,19	1,16

4.20 Oberflächenbeiwert b_1 und Größenbeiwert b_2 für Kreisquerschnitte

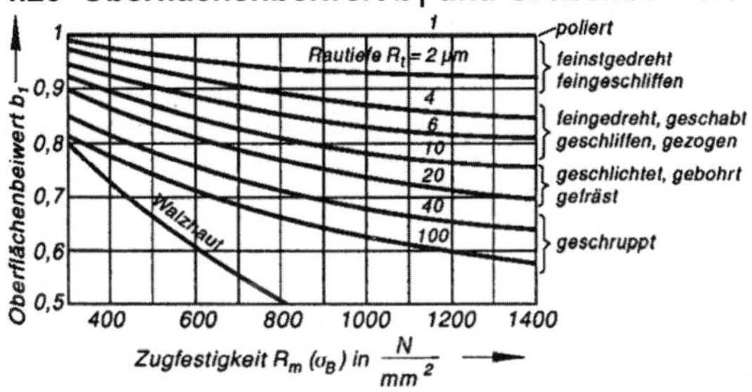

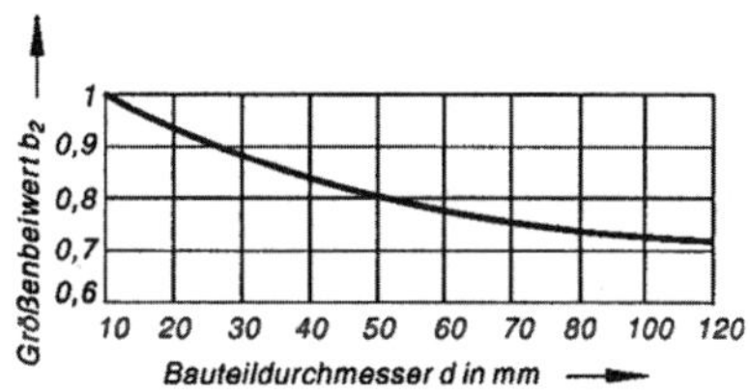

Für andere Querschnittsformen kann etwa gesetzt werden:
bei Biegung für Quadrat: Kantenlänge = d; für Rechteck: in Biegeebene liegende Kantenlänge = d
bei Verdrehung für Quadrat und Rechteck: Flächendiagonale = d

4.21 Stahlbezeichnungen [1)]

EN10027-1 und ECISS IC 10 (1993)	frühere Bezeichnungen nach EN 10025 (1990)	DIN 17100	EN 10027-1 und ECISS IC 10 (1993)	frühere Bezeichnungen nach EN 10025 (1990)	DIN 17100
S235JR	Fe 360 B	St 37-2	S275J2G3	Fe 430 C	St 44-3 U
S235JRG1	Fe 360 FBU	U St 37-2	S355J2G3	Fe 430 D1	St 44-3 N
S235JRG2	Fe 360 FBN	R St 37-2	E295	Fe 510 D1	St 52-3 N
S235JO	Fe 360 C	St 37-3 U	E335	Fe 490-2	St 50-2
S235J2G3	Fe 360 D1	St 37-3 U	E360	Fe 590-2	St 60-2
S275JR	Fe 430 B	St 44-2	S275JO	Fe 690-2	St 70-2

1) Auszug aus der Deutschen Fassung der Europäischen Norm EN 10025 (März 1990) mit Anhang C (1993)

Erläuterung der Bezeichnungen (Beispiel):

S235JRG2 S → Kennbuchstabe für mechanische Eigenschaft „Streckgrenze R_{eH}" (H = obere Streckgrenze, von *high*)
235 → Kennzahl für den Mindestwert der (oberen) Streckgrenze in N/mm² für Probe-Dicken s ≤ 16 mm: R_{eH} = 235 N/mm² (mit zunehmender Dicke wird R_{eH} kleiner, z.B. für s > 150 mm < 200 mm wird R_{eH} = 185 N/mm²)
J → Kennbuchstabe für Gütegruppe bezüglich Schweißeignung und Kerbschlagarbeit
RG2 → Kennbuchstabe und -zahl für Gütegruppen z. B. bezüglich Lieferzustand, Erschmelzungsverfahren, chemische Zusammensetzung

4.22 Zulässige Spannungen im Stahlhochbau

a) Zulässige Spannungen in N/mm² für Stahlbauteile [1)]

Spannungsart	Werkstoff S235JR, Lastausfall H	S235JR HZ	S355JO H	S355JO HZ	E360 H	E360 HZ
Druck und Biegedruck, wenn Stabilitätsnachweis nach DIN 18 800 erforderlich ist	140	160	210	240	410	460
Zug und Biegezug, Biegedruck, wenn Stabilitätsnachweis nach DIN 18 800 erforderlich ist	160	180	240	270	410	460
Schub	92	104	139	156	240	270

[1)] Lastfall H: alle Hauptlasten, Lastfall HZ: alle Haupt- und Zusatzlasten

b) Zulässige Spannungen in N/mm² für Verbindungsmittel [1)]

Spannungsart		Niete (DIN 124 und DIN 302) für Bauteile aus S235JR		Niete für Bauteile aus S355JO		Passschrauben (DIN 7968) 4.6 für Bauteile aus S235JR		Passschrauben 5.6 für Bauteile aus S355JO		Rohe Schrauben (DIN 7990) 4.6	
Lastfall		H	HZ	H	HZ	H	HZ	H	HZ	H	HZ
Abscheren	$\tau_{a\,zul}$	140	160	210	240	140	160	210	240	112	126
Lochleibungsdruck	$\sigma_{l\,zul}$	280	320	420	480	280	320	420	480	240	270
Zug	$\sigma_{z\,zul}$	48	54	72	81	112	112	150	150	112	112

[1)] Lastfall H: alle Hauptlasten, Lastfall HZ: alle Haupt- und Zusatzlasten

4.23 Zulässige Spannungen im Kranbau für Stahlbauteile und ihre Verbindungsmittel

a) Zulässige Spannungen in N/mm² für Bauteile

Spannungsart	Werkstoff S235JR H	S235JR HZ	S355JO H	S355JO HZ
Zug- und Vergleichsspannung	160	180	240	270
Druckspannung, Nachweis auf Knicken	140	160	210	240
Schubspannung	92	104	138	156

Außer dem Allgemeinen Spannungsnachweis auf Sicherheit gegen Erreichen der Fließgrenze ist für Krane mit mehr als 20 000 Spannungsspielen noch ein *Betriebsfestigkeitsnachweis* auf Sicherheit gegen Bruch bei zeitlich veränderlichen, häufig wiederholten Spannungen für die Lastfälle H zu führen. Zulässige Spannungen beim Betriebsfestigkeitsnachweis siehe Normblatt.

b) Zulässige Spannungen in N/mm² für Verbindungsmittel

Spannungsart		Niete (DIN 124 und DIN 302) USt36 für Bauteile aus S235JR		Niete USt44 für Bauteile aus S355JO		Passschrauben (DIN 7968) 4.6 USt36 für Bauteile aus S235JR		Passschrauben 5.6 USt44 für Bauteile aus S355JO		Schrauben (DIN 7880) 4.6 USt36 für Bauteile aus S235JR		Schrauben 5.6 USt44 für Bauteile aus S355JO	
Lastfall		H	HZ	H	HZ	H	HZ	H	HZ	H	HZ	H	HZ
Abscheren	einschnittig	84	96	126	144	84	96	126	144	70	80	70	80
	zweischnittig	112	128	168	192	112	128	168	192				
Lochleibungsdruck	einschnittig	210	240	315	360	210	240	315	360	160	180	160	180
	zweischnittig	280	320	420	480	280	320	420	480				
Zug	einschnittig	30	30	45	45	100	110	140	154	100	110	140	154
	zweischnittig	30	30	45	45	100	110	140	154				

4.24 Warmgewalzter gleichschenkliger rundkantiger Winkelstahl (Auswahl)

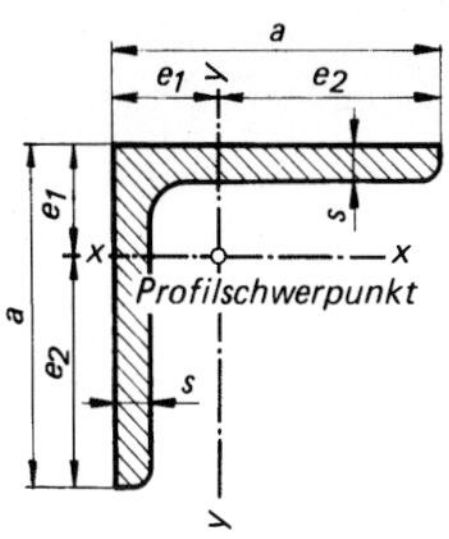

Beispiel für die Bezeichnung eines gleichschenkligen Winkelstahls und für das Auswerten der Tabelle:

L 40 × 6 – S235JRG1

Schenkelbreite	a	= 40 mm
Schenkeldicke	s	= 6 mm
Flächenmoment 2. Grades	I_x	$= 6{,}33 \cdot 10^4\ \text{mm}^4$
Widerstandsmoment	W_{x1}	$= 5{,}28 \cdot 10^3\ \text{mm}^3$
	W_{x2}	$= 2{,}26 \cdot 10^3\ \text{mm}^3$
Oberfläche je Meter Länge	A_0'	$= 0{,}16\ \text{m}^2/\text{m}$
Profilumfang	U	= 0,16 m
Trägheitsradius	$i_x = \sqrt{I_x/A}$	= 11,9 mm

Kurzzeichen	a/s mm	Querschnitt A mm²	e_1/e_2 mm	$I_x = I_y$ $\cdot 10^4$ mm⁴	$W_{x_1} = W_{y_1}$ $\cdot 10^3$ mm³	$W_{x_2} = W_{y_2}$ $\cdot 10^3$ mm³	Oberfläche je Meter Länge A_0' m²/m [1]	Gewichtskraft je Meter Länge F_G' N/m
20 × 4	20/ 4	145	6,4 / 13,6	0,48	0,75	0,35	0,08	11,2
25 × 5	25/ 5	226	8 / 17	1,18	1,48	0,69	0,10	17,4
30 × 5	30/ 5	278	9,2 / 20,8	2,16	2,35	1,04	0,12	21,4
35 × 5	35/ 5	328	10,4/ 24,6	3,56	3,42	1,45	0,14	25,3
40 × 6	40/ 6	448	12 / 28	6,33	5,28	2,26	0,16	34,5
45 × 6	45/ 6	509	13,2/ 31,8	9,16	6,94	2,88	0,17	39,2
50× 6	50/ 6	569	14,5/ 35,5	12,8	8,83	3,61	0,19	43,8
50× 8	50/ 8	741	15,2/ 34,8	16,3	10,7	4,68	0,19	57,1
55 × 8	55/ 8	823	16,4/ 38,6	22,1	13,5	5,73	0,21	63,4
60 × 6	60/ 6	691	16,9/ 43,1	22,8	13,5	5,29	0,23	53,2
60 × 10	60/10	1110	18,5/ 41,5	34,9	18,9	8,41	0,23	85,2
65 × 8	65/ 8	985	18,9/ 46,1	37,5	19,8	8,13	0,25	75,9
70 × 7	70/ 7	940	19,7/ 50,3	42,4	21,5	8,43	0,27	72,4
70 × 9	70/ 9	1190	20,5/ 49,5	52,6	25,7	10,6	0,27	91,6
70 × 11	70/11	1430	21,3/ 48,7	61,8	29,0	12,7	0,27	110,1
75 × 8	75/ 8	1150	21,3/ 53,7	58,9	27,7	11,0	0,29	88,6
80 × 8	80/ 8	1230	22,6/ 57,4	72,3	32,0	12,6	0,31	94,7
80× 10	80/10	1510	23,4/ 56,6	87,5	37,4	15,5	0,31	116,7
80× 12	80/12	1790	24,1/ 55,9	102	42,3	18,2	0,31	138,3
90 × 9	90/ 9	1550	25,4/ 64,6	116	45,7	18,0	0,35	119,4
90 × 11	90/11	1870	26,2/ 63,8	138	52,7	21,6	0,36	144,0
100 × 10	100/10	1920	28,2/ 71,8	177	62,8	24,7	0,39	147,9
100 × 14	100/14	2620	29,8/ 70,2	235	78,9	33,5	0,39	201,8
110× 12	110/12	2510	31,5/ 78,5	280	88,9	35,7	0,43	193,3
120 × 13	120/13	2970	34,4/ 85,6	394	115	46,0	0,47	228,7
130× 12	130/12	3000	36,4/ 93,6	472	130	50,4	0,51	231,0
130 × 16	130/16	3930	38,0/ 92	605	159	65,8	0,51	302,6
140 × 13	140/13	3500	39,2/100,8	638	163	63,3	0,55	269,5
140 × 15	140/15	4000	40,0/100,0	723	181	72,3	0,55	308,0
150 × 12	150/12	3480	41,2/108,8	737	179	67,7	0,59	268,0
150 × 16	150/16	4570	42,9/107,1	949	221	88,7	0,59	351,9
150 × 20	150/20	5630	44,4/105,6	1150	259	109	0,59	433,6
160 × 15	160/15	4610	44,9/115,1	1100	245	95,6	0,63	355,0
160 × 19	160/19	5750	46,5/113,5	1350	290	119	0,63	442,8
180 × 18	180/18	6190	51,0/129,0	1870	367	145	0,71	476,7
180 × 22	180/22	7470	52,6/127,4	2210	420	174	0,71	575,3
200 × 16	200/16	6180	55,2/144,8	2340	424	162	0,79	475,9
200 × 20	200/20	7640	56,8/143,2	2850	502	199	0,79	588,3
200 × 24	200/24	9060	58,4/141,6	3330	570	235	0,79	697,7
200 × 28	200/28	10500	59,9/140,1	3780	631	270	0,79	808,6

[1] Die Zahlenwerte geben zugleich den Profilumfang U in m an.

4 Festigkeitslehre

4.25 Warmgewalzter ungleichschenkliger rundkantiger Winkelstahl (Auswahl)

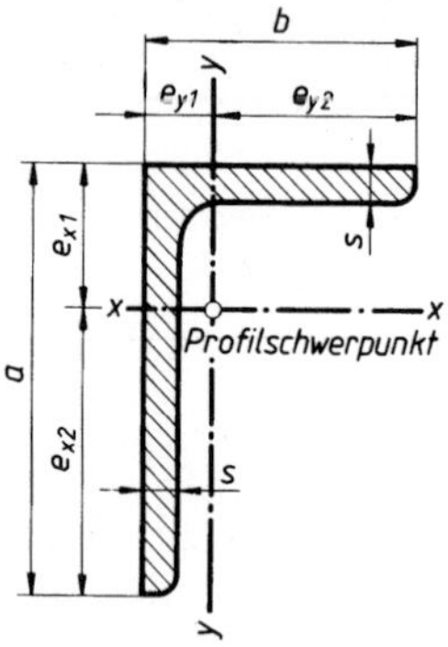

Beispiel für die Bezeichnung eines ungleichschenkligen Winkelstahls und für das Auswerten der Tabelle:

L 30 × 20 × 4 – S235JRG1

Schenkelbreite	a = 30 mm, b = 20 mm
Schenkeldicke	s = 4 mm
Flächenmoment 2. Grades	I_x = 1,59 · 10^4 mm^4
Widerstandsmoment	W_{x1} = 1,54 · 10^3 mm^3
Widerstandsmoment	W_{x2} = 0,81 · 10^3 mm^3
Oberfläche je Meter Länge	A_0' = 0,097 m^2/m
Profilumfang	U = 0,097 m
Trägheitsradius	$i_x = \sqrt{I_x/A}$ = 9,27 mm

Kurzzeichen	a mm	b mm	s mm	Querschnitt A mm^2	e_{x1}/e_{y1} mm	I_x $\cdot 10^4$ mm^4	W_{x1} $\cdot 10^3$ mm^3	W_{x2} $\cdot 10^3$ mm^3	I_y $\cdot 10^4$ mm^4	W_{y1} $\cdot 10^3$ mm^3	W_{y2} $\cdot 10^3$ mm^3	Oberfläche je Meter Länge A_0' m^2/m[1]	Gewichtskraft je Meter Länge F_G' N/m
30× 20× 4	30	20	4	185	10,3/5,4	1,59	1,54	0,81	0,55	1,02	0,38	0,097	14,2
40× 20× 4	40	20	4	225	14,7/4,8	3,59	2,44	1,42	0,60	1,25	0,39	0,117	17,4
45× 30× 5	45	30	5	353	15,2/7,8	6,99	4,60	2,35	2,47	3,17	1,11	0,146	27,2
50× 40× 5	50	40	5	427	15,6/10,7	10,4	6,67	3,02	5,89	5,50	2,01	0,177	32,9
60× 30× 7	60	30	7	585	22,4/7,6	20,7	9,24	5,50	3,41	4,49	1,52	0,175	45,0
60× 40× 6	60	40	6	568	20,0/10,1	20,1	10,1	5,03	7,12	7,05	2,38	0,195	43,7
65× 50× 5	65	50	5	554	19,9/12,5	23,1	11,6	5,11	11,9	9,52	3,18	0,224	42,7
65× 50× 9	65	50	9	958	21,5/14,1	38,2	17,8	8,77	19,4	13,8	5,39	0,224	73,7
75× 50× 7	75	50	7	830	24,8/12,5	46,4	18,7	9,24	16,5	13,2	4,39	0,244	63,8
75× 55× 9	75	55	9	1090	24,7/14,8	59,4	24,0	11,8	26,8	18,1	6,66	0,254	84,2
80× 40× 6	80	40	6	689	28,5/8,8	44,9	15,8	8,73	7,59	8,63	2,44	0,234	53,1
80× 40× 8	80	40	8	901	29,4/9,5	57,6	19,6	11,4	9,68	10,2	3,18	0,234	69,3
80× 65× 8	80	65	8	1100	24.7/173	68,1	27,6	12,3	40,1	23,2	8,41	0,283	84,9
90× 60× 6	90	60	6	869	28,9/14,1	71,7	24,8	11,7	25,8	18,3	5,61	0,294	66,9
90× 60× 8	90	60	8	1140	29,7/14,9	92,5	31,1	15,4	33,0	22,0	7,31	0,294	87,9
100× 50× 6	100	50	6	873	34,9/10,4	87,7	25,1	13,8	15,3	14,7	3,86	0,292	67,2
100× 50× 8	100	50	8	1150	35,9/11,3	116	32,3	18,0	19,5	17,3	5,04	0,292	88,2
100× 50×10	100	50	10	1410	36,7/12,0	141	38,4	22,2	23,4	19,5	6,17	0,292	108,9
100× 65× 9	100	65	9	1420	33,2/15,9	141	42,5	21,0	46,7	29,4	9,52	0,321	108,9
100× 75× 9	100	75	9	1510	31,5/19,1	148	47,0	21,5	71,0	37,0	12,7	0,341	115,7
120× 80× 8	120	80	8	1550	38,3/18,7	226	59,0	27,6	80,8	43,2	13,2	0,391	119,6
120× 80×10	120	80	10	1910	39,2/19.5	276	70,4	34,1	98,1	50,3	16,2	0,391	147,1
120× 80×12	120	80	12	2270	40,0/20.3	323	80,8	40,4	114	56,0	19,1	0,391	174,6
130× 65×10	130	65	10	1860	46,5/14,5	321	69,0	38,4	54,2	37,4	10,7	0,381	143,2
130× 75×10	130	75	10	1960	44,5/17,3	337	75,7	39,4	82,9	47,9	14,4	0,401	151,0
130× 75×12	130	75	12	2330	45,3/18,1	395	87,2	46,6	96,5	53,3	17,0	0,401	179,5
130× 90×10	130	90	10	2120	41,5/21,8	358	86,3	40,5	141	65,0	20,6	0,430	162,8
130× 90×12	130	90	12	2510	42,4/22,6	420	99,1	48,0	165	73,0	24,4	0,430	193,2
150× 75× 9	150	75	9	1950	52,8/15,7	455	86,2	46,8	78,3	49,9	13,2	0,441	150,0
150× 75×11	150	75	11	2360	53,7/16,5	545	101	56,6	93,0	56,0	15,9	0,441	182,4
150× 90×10	150	90	10	2320	49,9/20,3	532	107	53,1	145	71,0	20,9	0,469	178,5
150× 90×12	150	90	12	2750	50,8/21,1	626	123	63,1	170	81,0	24,7	0,469	211,8
150×100×10	150	100	10	2420	48,0/23,4	552	115	54,1	198	85,0	25,8	0,489	186,3
150×100×12	150	100	12	2870	48,9/24,2	650	133	64,2	232	96,0	30,6	0,489	221,6
150×100×14	150	100	14	3320	49,7/25,0	744	150	74,1	264	106	35,2	0,489	255,9
160× 80×12	160	80	12	2750	57,2/17,7	720	126	70,0	122	69,0	19,6	0,469	211,8
200×100×10	200	100	10	2920	69,3/20,1	1220	176	93,2	210	104	26,3	0,587	225,6
200×100×14	200	100	14	4030	71,2/21,8	1650	232	128	282	129	36,1	0,587	309,9
250× 90×10	250	90	10	3320	94,5/15,6	2170	230	140	161	103	21,7	0,667	255,9
250× 90×14	250	90	14	4590	96,5/17,3	2960	307	192	216	125	29,7	0,667	353,0

[1] Die Zahlenwerte geben zugleich den Profilumfang U in m an.

4.26 Warmgewalzte schmale I-Träger (Auswahl)

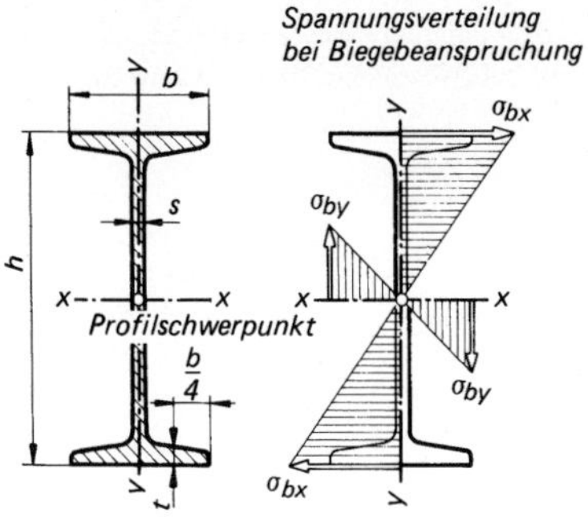

Beispiel für die Bezeichnung eines schmalen I-Trägers mit geneigten inneren Flanschflächen und für das Auswerten der Tabelle:

I 80 DIN 1025 – S235JRG1

Höhe	$h = 80$ mm
Breite	$b = 42$ mm
Flächenmoment 2. Grades	$I_x = 77 \cdot 10^4$ mm^4
Widerstandsmoment	$W_x = 19{,}5 \cdot 10^3$ mm^3
Oberfläche je Meter Länge	$A_0' = 0{,}304$ m^2/m
Profilumfang	$U = 0{,}304$ m
Trägheitsradius	$i_x = \sqrt{I_x/A} = 32$ mm

Kurzzeichen I	h mm	b mm	s mm	t mm	Querschnitt A mm^2	I_x $\cdot 10^4$ mm^4	W_x $\cdot 10^3$ mm^3	I_y $\cdot 10^4$ mm^4	W_y $\cdot 10^3$ mm^3	Oberfläche je Meter Länge A_0' m^2/m 1)	Gewichtskraft je Meter Länge F_G' N/m
80	80	42	3,9	5,9	758	77,8	19,5	6,29	3,00	0,304	58,4
100	100	50	4,5	6,8	1060	171	34,2	12,2	4,88	0,370	81,6
120	120	58	5,1	7,7	1420	328	54,7	21,5	7,41	0,439	110
140	140	66	5,7	8,6	1830	573	81,9	35,2	10,7	0,502	141
160	160	74	6,3	9,5	2280	935	117	54,7	14,8	0,575	176
180	180	82	6,9	10,4	2790	1450	161	81,3	19,8	0,640	215
200	200	90	7,5	11,3	3350	2140	214	117	26,0	0,709	258
220	220	98	8,1	12,2	3960	3060	278	162	33,1	0,775	305
240	240	106	8,7	13,1	4610	4250	354	221	41,7	0,844	355
280	280	119	10,1	15,2	6110	7590	542	364	61,2	0,966	471
320	320	131	11,5	17,3	7780	12510	782	555	84,7	1,09	599
360	360	143	13,0	19,5	9710	19610	1090	818	114	1,21	746
380	380	149	13,7	20,5	10700	24010	1260	975	131	1,27	824
425	425	163	15,3	23,0	13200	36970	1740	1440	176	1,41	1020
475	475	178	17,1	25,6	16300	56480	2380	2090	235	1,55	1256
550	550	200	19,0	30,0	21300	99180	3610	3490	349	1,80	1638

1) Die Zahlenwerte geben zugleich den Profilumfang U in m an.

4.27 Warmgewalzte T-Träger (Auswahl)

Beispiel für die Bezeichnung eines T-Trägers und für das Auswerten der Tabelle:

T 80 EN 10055 – S235JR

Höhe	$h = b = 80$ mm
Breite	$b = h$
Flächenmoment 2. Grades	$I_x = 73{,}7 \cdot 10^4$ mm^4
Widerstandsmoment	$W_x = 12{,}8 \cdot 10^3$ mm^3

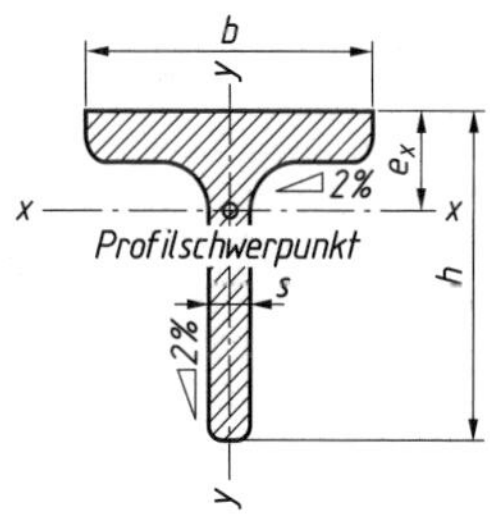

Kurzzeichen T	$b = h$ mm	s mm	Querschnitt A mm^2	I_x $\cdot 10^4$ mm^4	W_x $\cdot 10^3$ mm^3	I_y $\cdot 10^4$ mm^4	W_y $\cdot 10^3$ mm^3	Gewichtskraft je Meter Länge F_G' N/m
30	30	4,00	226	1,72	0,80	0,87	0,58	17,35
35	35	4,50	297	3,10	1,23	1,57	0,90	22,84
40	40	5,00	377	5,28	1,84	2,58	1,29	29,01
50	50	6,00	566	12,10	3,36	6,60	2,42	43,51
60	60	7,00	794	23,80	5,48	12,20	4,07	61,06
70	70	8,00	1060	44,50	8,79	22,10	6,32	81,54
80	80	9,00	1360	73,70	12,80	37,00	9,25	104,87
100	100	11,00	2090	179,00	24,60	88,30	17,70	160,73
120	120	13,00	2960	366,00	42,00	178,00	29,70	227,38
140	140	15,00	3990	660,00	64,70	330,00	47,20	306,76

4 Festigkeitslehre

4.28 Warmgewalzte I-Träger, IPE-Reihe (Auswahl)

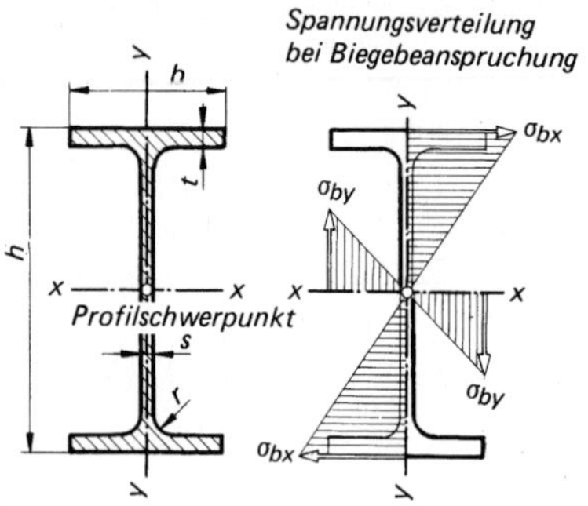

Beispiel für die Bezeichnung eines mittelbreiten I-Trägers mit parallelen Flanschflächen und für das Auswerten der Tabelle:

IPE 80 DIN 1025 – S235JRG1

Höhe	h	= 80 mm
Breite	b	= 46 mm
Flächenmoment 2. Grades	I_x	$= 80{,}1 \cdot 10^4$ mm^4
Widerstandsmoment	W_x	$= 20{,}0 \cdot 10^3$ mm^3
Oberfläche je Meter Länge	A'_0	= 0,328 m^2/m
Profilumfang	U	= 0,328 m
Trägheitsradius	$i_x = \sqrt{I_x/A}$	= 32,4 mm

Kurzzeichen IPE	b mm	t mm	h mm	s mm	r mm	Querschnitt A mm^2	I_x $\cdot 10^4$ mm^4	W_x $\cdot 10^3$ mm^3	I_y $\cdot 10^4$ mm^4	W_y $\cdot 10^3$ mm^3	Oberfläche je Meter Länge A'_0 m^2/m[1)]	Gewichtskraft je Meter Länge F'_G N/m
80	46	5,2	80	3,8	5	764	80,1	20,0	8,49	3,69	0,328	59
100	55	5,7	100	4,1	7	1030	171	34,2	15,9	5,79	0,400	79
120	64	6,3	120	4,4	7	1320	318	53,0	27,7	8,65	0,475	102
140	73	6,9	140	4,7	7	1640	541	77,3	44,9	12,3	0,551	126
160	82	7,4	160	5,0	9	2010	869	109	68,3	16,7	0,623	155
180	91	8,0	180	5,3	9	2390	1320	146	101	22,2	0,698	184
200	100	8,5	200	5,6	12	2850	1940	194	142	28,5	0,768	220
220	110	9,2	220	5,9	12	3340	2770	252	205	37,3	0,848	257
240	120	9,8	240	6,2	15	3910	3890	324	284	47,3	0,922	301
270	135	10,2	270	6,6	15	4590	5790	429	420	62,2	1,041	353
300	150	10,7	300	7,1	15	5380	8360	557	604	80,5	1,155	414
330	160	11,5	330	7,5	18	6260	11770	713	788	98,5	1,254	482
360	170	12,7	360	8,0	18	7270	16270	904	1040	123	1,348	560
400	180	13,5	400	8,6	21	8450	23130	1160	1320	146	1,467	651
450	190	14,6	450	9,4	21	9880	33740	1500	1680	176	1,605	761
500	200	16,0	500	10,2	21	11600	48200	1930	2140	214	1,738	893
550	210	17,2	550	11,1	24	13400	67120	2440	2670	254	1,877	1032
600	220	19,0	600	12,0	24	15600	92080	3070	3390	308	2,014	1200

1) Die Zahlenwerte geben zugleich den Profilumfang U in m an.

4.29 Mechanische Eigenschaften von Schrauben

Kennzeichen	4.6	4.8	5.6	5.8	6.6	6.8	6.9	8.8	10.9	12.9
Mindest-Zugfestigkeit R_m in N/mm^2	400		500		600			800	1000	1200
Mindest-Streckgrenze R_e oder $R_{p\,0,2}$-Dehngrenze in N/mm^2	240	320	300	400	360	480	540	640	900	1080
Bruchdehnung A_5 in %	25	14	20	10	16	8	12	12	9	8

4.30 Warmgewalzter rundkantiger U-Stahl (Auswahl)

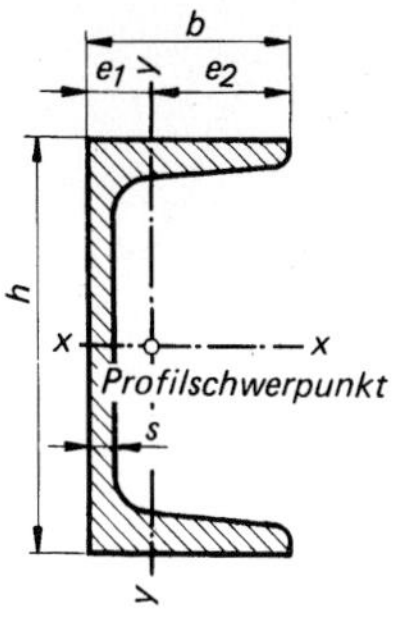

Beispiel für die Bezeichnung eines U-Stahls und für das Auswerten der Tabelle:

U 100 DIN 1026 – S235JRG1

Höhe	h	= 100 mm
Breite	b	= 50 mm
Flächenmoment 2. Grades	I_x	$= 206 \cdot 10^4\ mm^4$
Widerstandsmoment	W_x	$= 41{,}2 \cdot 10^3\ mm^3$
Flächenmoment 2. Grades	I_y	$= 29{,}3 \cdot 10^4\ mm^4$
Widerstandsmoment	W_{y1}	$= 18{,}9 \cdot 10^3\ mm^3$
	W_{y2}	$= 8{,}49 \cdot 10^3\ mm^3$
Oberfläche je Meter Länge	A_0'	$= 0{,}372\ m^2/m$
Profilumfang	U	= 0,372 m
Trägheitsradius	$i_x = \sqrt{I_x/A}$	= 39,1 mm

Kurzzeichen U	h mm	b mm	s mm	Querschnitt A mm^2	e_1/e_2 mm	I_x $\cdot 10^4\ mm^4$	W_x $\cdot 10^3\ mm^3$	I_y $\cdot 10^4\ mm^4$	W_{y1} $\cdot 10^3\ mm^3$	W_{y2} $\cdot 10^3\ mm^3$	Oberfläche je Meter Länge A_0' m^2/m[1)]	Gewichtskraft je Meter Länge F_G' N/m
30 × 15	30	15	4	221	5,2/ 9,8	2,53	1,69	0,38	0,73	0,39	0,103	17,0
30	30	33	5	544	13,1/19,9	6,39	4,26	5,33	4,07	2,68	0,174	41,9
40 × 20	40	20	5	366	6,7/13,3	7,58	3,79	1,14	1,70	0,86	0,142	28,2
40	40	35	5	621	13,3/21,7	14,1	7,05	6,68	5,02	3,08	0,200	47,8
50 × 25	50	25	5	492	8,1/16,9	16,8	6,73	2,49	3,07	1,47	0,181	37,9
50	50	38	5	712	13,7/24,3	26,4	10,6	9,12	6,66	3,75	0,232	54,8
60	60	30	6	646	9,1/20,9	31,6	10,5	4,51	4,98	2,16	0,215	49,7
65	65	42	5,5	903	14,2/27,8	57,5	17,7	14,1	9,93	5,07	0,273	69,5
80	80	45	6	1100	14,5/30,5	106	26,5	19,4	13,4	6,36	0,312	84,7
100	100	50	6	1350	15,5/34,5	206	41,2	29,3	18,9	8,49	0,372	104,0
120	120	55	7	1700	16,0/39,0	364	60,7	43,2	27,0	11,1	0,434	130,9
140	140	60	7	2040	17,5/42,5	605	86,4	62,7	35,8	14,8	0,489	157,1
160	160	65	7,5	2400	18,4/46,6	925	116	85,3	46,4	18,3	0,546	184,8
180	180	70	8	2800	19,2/50,8	1350	150	114	59,4	22,4	0,611	215,6
200	200	75	8,5	3220	20,1/54,9	1910	191	148	73,6	27,0	0,661	248,0
220	220	80	9	3740	21,4/58,6	2690	245	197	92,1	33,6	0,718	288,0
240	240	85	9,5	4230	22,3/62,7	3600	300	248	111	39,6	0,775	325,7
260	260	90	10	4830	23,6/66,4	4820	371	317	134	47,7	0,834	372
280	280	95	10	5330	25,3/69,7	6280	448	399	158	57,3	0,890	410,5
300	300	100	10	5880	27,0/73,0	8030	535	495	183	67,8	0,950	452,8
320	320	100	14	7580	26,0/74,0	10870	679	597	230	80,7	0,982	583,7
350	350	100	14	7730	24,0/76,0	12840	734	570	238	75,0	1,05	595,3
380	380	102	13,5	8040	23,8/78,2	15760	829	615	258	78,6	1,11	619,1
400	400	110	14	9150	26,5/83,5	20350	1020	846	355	101	1,18	704,6

1) Die Zahlenwerte geben zugleich den Profilumfang U in m an.

4.31 Niete und zugehörige Schrauben für Stahl- und Kesselbau

d_1 in mm	11	13	(15)	17	(19)	21	23	25	28	31	(34)	37
A_1 in $mm^2 = \frac{\pi}{4} d_1^2$	95	133	177	227	284	346	415	491	616	755	908	1075
d in mm (Rohnietdurchmesser)	10	12	(14)	16	(18)	20	22	24	27	30	(33)	36
Sechskantschraube	M10	M12	–	M16	–	M20	M22	M24	M27	M30	M33	M36

d_1 Durchmesser des geschlagenen Nietes = Nietlochdurchmesser

Größen in ( ) möglichst vermeiden

5 Gewindetabellen

5.1 Metrisches ISO-Gewinde

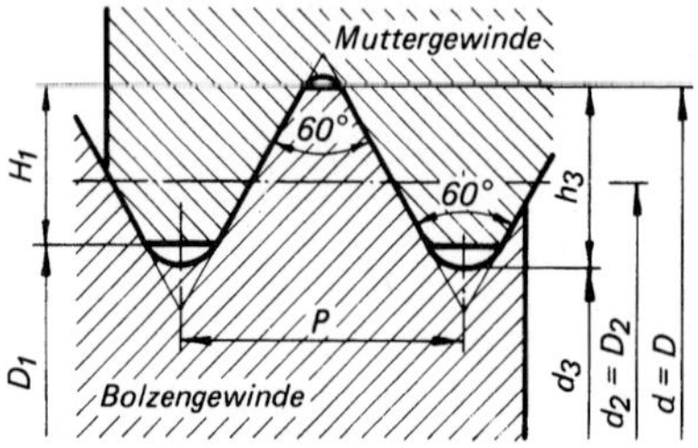

Bezeichnung des Metrischen Regelgewindes z.B.

M 12 Gewinde-Nenndurchmesser $d = D = 12$ mm

Maße in mm

Gewinde-Nenndurchmesser $d = D$ Reihe 1	Reihe 2	Steigung P	Steigungswinkel α in Grad	Flankendurchmesser $d_2 = D_2$	Kerndurchmesser d_3	D_1	Gewindetiefe [1] h_3	H_1	Spannungsquerschnitt A_s mm^2	polares Widerstandsmoment W_{ps} mm^3
3		0,5	3,40	2,675	2,387	2,459	0,307	0,271	5,03	3,18
	3,5	0,6	3,51	3,110	2,764	2,850	0,368	0,325	6,78	4,98
4		0,7	3,60	3,545	3,141	3,242	0,429	0,379	8,73	7,28
	4,5	0,75	3,40	4,013	3,580	3,688	0,460	0,406	11,3	10,72
5		0,8	3,25	4,480	4,019	4,134	0,491	0,433	14,2	15,09
6		1	3,40	5,350	4,773	4,917	0,613	0,541	20,1	25,42
8		1,25	3,17	7,188	6,466	6,647	0,767	0,677	36,6	62,46
10		1,5	3,03	9,026	8,160	8,376	0,920	0,812	58,0	124,6
12		1,75	2,94	10,863	9,853	10,106	1,074	0,947	84,3	218,3
	14	2	2,87	12,701	11,546	11,835	1,227	1,083	115	347,9
16		2	2,48	14,701	13,546	13,835	1,227	1,083	157	554,9
	18	2,5	2,78	16,376	14,933	15,294	1,534	1,353	192	750,5
20		2,5	2,48	18,376	16,933	17,294	1,534	1,353	245	1082
	22	2,5	2,24	20,376	18,933	19,294	1,534	1,353	303	1488
24		3	2,48	22,051	20,319	20,752	1,840	1,624	353	1871
	27	3	2,18	25,051	23,319	23,752	1,840	1,624	459	2774
30		3,5	2,30	27,727	25,706	26,211	2,147	1,894	561	3748
	33	3,5	2,08	30,727	28,706	29,211	2,147	1,894	694	5157
36		4	2,18	33,402	31,093	31,670	2,454	2,165	817	6588
	39	4	2,00	36,402	34,093	34,670	2,454	2,165	976	8601
42		4,5	2,10	39,077	36,479	37,129	2,760	2,436	1120	10574
	45	4,5	1,95	42,077	39,479	40,129	2,760	2,436	1300	13222
48		5	2,04	44,752	41,866	42,587	3,067	2,706	1470	15899
	52	5	1,87	48,752	45,866	46,587	3,067	2,706	1760	20829
56		5,5	1,91	52,428	49,252	50,046	3,374	2,977	2030	25801
	60	5,5	1,78	56,428	53,252	54,046	3,374	2,977	2360	32342
64		6	1,82	60,103	56,639	57,505	3,681	3,248	2680	39138
	68	6	1,71	64,103	60,639	61,505	3,681	3,248	3060	47750

[1] H_1 ist die Tragtiefe (siehe Festigkeitslehre: Flächenpressung im Gewinde)

5.2 Metrisches ISO-Trapezgewinde

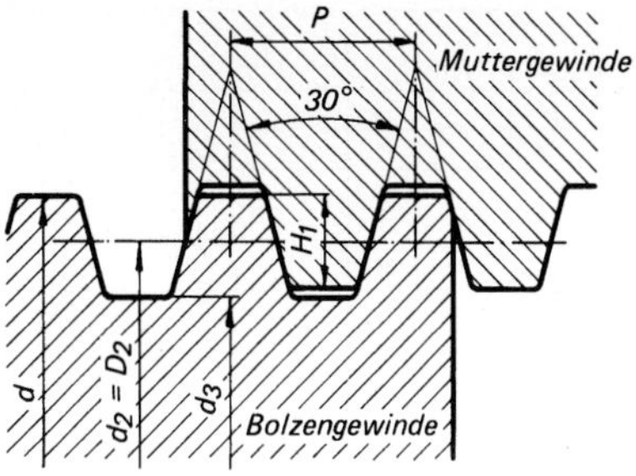

Bezeichnung für

a) eingängiges Gewinde z.B.

Tr 75× 10 — Gewindedurchmesser $d = 75$ mm, Steigung $P = 10$ mm = Teilung

b) zweigängiges Gewinde z.B.

Tr 75×20 P10 — Gewindedurchmesser $d = 75$ mm, Steigung $P_h = 20$ mm, Teilung $P = 10$ mm

$$\text{Gangzahl } z = \frac{\text{Steigung } P_h}{\text{Teilung } P} = \frac{20\text{ mm}}{10\text{ mm}} = 2$$

Maße in mm

Gewinde-durchmesser d	Steigung P	Steigungs-winkel α in Grad	Tragtiefe H_1 $H_1 = 0{,}5\,P$	Flanken-durchmesser $D_2 = d_2$ $D_2 = d - H_1$	Kern-durchmesser d_3	Kern-querschnitt $A_3 = \frac{\pi}{4} d_3^2$ mm²	polares Wider-standsmoment $W_p = \frac{\pi}{16} d_3^3$ mm³
8	1,5	3,77	0,75	7,25	6,2	30,2	46,8
10	2	4,05	1	9	7,5	44,2	82,8
12	3	5,20	1,5	10,5	9	63,6	143
16	4	5,20	2	14	11,5	104	299
20	4	4,05	2	18	15,5	189	731
24	5	4,23	2,5	21,5	18,5	269	1243
28	5	3,57	2,5	25,5	22,5	398	2237
32	6	3,77	3	29	25	491	3068
36	6	3,31	3	33	29	661	4789
40	7	3,49	3,5	36,5	32	804	6434
44	7	3,15	3,5	40,5	36	1018	9161
48	8	3,31	4	44	39	1195	11647
52	8	3,04	4	48	43	1452	15611
60	9	2,95	4,5	55,5	50	1963	24544
65	10	3,04	5	60	54	2290	30918
70	10	2,80	5	65	59	2734	40326
75	10	2,60	5	70	64	3217	51472
80	10	2,43	5	75	69	3739	64503
85	12	2,77	6	79	72	4071	73287
90	12	2,60	6	84	77	4656	89640
95	12	2,46	6	89	82	5281	108261
100	12	2,33	6	94	87	5945	129297
110	12	2,10	6	104	97	7390	179203
120	14	2,26	7	113	104	8495	220867

6 Allgemeine Tabellen

6.1 Werte für $e^{\mu\alpha}$ in Abhängigkeit vom Umschlingungswinkel α und von der Reibungszahl μ

		Reibungszahlen									
$\alpha°$	α	0,05	0,1	0,15	0,2	0,25	0,3	0,35	0,4	0,45	0,5
36	0,2 π	1,032	1,065	1,099	1,134	1,170	1,207	1,246	1,286	1,327	1,369
72	0,4 π	1,065	1,134	1,207	1,286	1,369	1,458	1,552	1,653	1,760	1,874
108	0,6 π	1,099	1,207	1,327	1,458	1,602	1,760	1,934	2,125	2,336	2,566
144	0,8 π	1,134	1,286	1,458	1,653	1,874	2,125	2,410	2,733	3,099	3,514
180	1,0 π	1,170	1,369	1,602	1,874	2,193	2,566	3,003	3,514	4,111	4,810
216	1,2 π	1,207	1,458	1,760	2,125	2,566	3,099	3,741	4,518	5,455	6,586
252	1,4 π	1,246	1,552	1,934	2,410	3,003	3 741	4,662	5,808	7,237	9,017
288	1,6 π	1,286	1,653	2,125	2,733	3,514	4,518	5,808	7,468	9,602	12,35
324	1,8 π	1,327	1,760	2,336	3,099	4,111	5,455	7,237	9,602	12,74	16,90
360	2,0 π	1,369	1,874	2,566	3,514	4,810	6,586	9,017	12,35	16,90	23,14
540	3 π	1,602	2,566	4,111	6,586	10,55	16,90	27,08	43,38	69,49	111,3
720	4 π	1,874	3,514	6,586	12,35	23,14	43,38	81,31	152,1	285,7	535,5
900	5 π	2,193	4,810	10,55	23,14	50,75	111,3	244,2	535,5	1174	2576
1080	6 π	2,566	6,586	16,90	43,38	111,3	285,7	733,1	1881	4829	12 391
1260	7 π	3,003	9,017	27,08	81,31	244,2	733,1	2202	6611	19850	59 610
1440	8 π	3,514	12,35	43,38	152,4	535,5	1881	6611	23 230	81 610	286 800
1620	9 π	4,111	16,90	69,49	285,7	1174	4829	19 850	81 610	335 500	1 379 000
1800	10 π	4,810	23,14	111,3	535,5	2576	12 390	59 610	286 800	1 379 000	6 636 000

Die Tabelle gibt einen Überblick über den Verlauf der $e^{\mu\alpha}$-Werte. Zur Berechnung beliebiger Werte benutzt man die $\ln^x$-oder e^x-Taste des Taschenrechners. Dabei ist α im Bogenmaß einzusetzen: $\hat{\alpha} = \alpha° \pi / 180°$.

6.2 Vorsatzzeichen zur Bildung von dezimalen Vielfachen und Teilen von Basiseinheiten oder abgeleiteten Einheiten mit selbständigem Namen

Vorsatz	Kurzzeichen	Bedeutung		Beispiel	
Tera	T	10^{12}	Einheiten	1 Terameter (Tm)	$= 10^{12}$ m
Giga	G	10^{9}	Einheiten	1 Gigagramm (Gg)	$= 10^{9}$ g $= 10^{6}$ kg $= 10^{3}$ t $= 1000$ t
Mega	M	10^{6}	Einheiten	1 Megagramm (Mg)	$= 10^{6}$ g $= 10^{3}$ kg $= 1$ t
Kilo	k	10^{3}	Einheiten	1 Kilogramm (kg)	$= 10^{3}$ g $= 1000$ g
Hekto	h	10^{2}	Einheiten	1 Hektoliter (hl)	$= 10^{2}\,l = 100\,l$
Deka	da	10^{1}	Einheiten	1 Dekameter (dam)	$= 10$ m
Dezi	d	10^{-1}	Einheiten	1 Deziliter (dl)	$= 0{,}1\,l$
Zenti	c	10^{-2}	Einheiten	1 Zentimeter (cm)	$= 0{,}01$ m $= 10^{-2}$ m
Milli	m	10^{-3}	Einheiten	1 Millisekunde (ms)	$= 0{,}001$ s $= 10^{-3}$ s
Mikro	μ	10^{-6}	Einheiten	1 Mikrometer (μm)	$= 0{,}000\,001$ m $= 10^{-6}$ m
Nano	n	10^{-9}	Einheiten	1 Nanosekunde (ns)	$= 10^{-9}$ s
Pico	P	10^{-12}	Einheiten	1 Picofarad (pF)	$= 10^{-12}$ F

6.3 Bevorzugte Maße in Festigkeitsrechnungen

Beispiel: Die Wellenberechnung ergibt als erforderlichen Durchmesser $d_{erf} = 20{,}4$ mm. Als Ergebnis wird $d = 21$ mm festgelegt.

0,1	0,12	0,16	0,2	0,25	0,3	0,4	0,5	0,6	0,8				
1	1,1	1,2	1,4	1,5	1,6	1,8	2	2,2	2,5	2,8	3	3,2	3,5
4	4,5	5	5,5	6	7	8	9						
10	11	12	13	14	15	16	17	18	19	20	21	22	23
24	25	26	28	30	32	34	35	36	38	40	42	44	45
46	48	50	52	53	55	56	58	60	62	63	65	67	68
70	71	72	75	78	80	82	85	88	90	92	95	98	
100	105	110	115	120	125	130	135	140	145	150	155	160	165
170	175	180	185	190	195	200	210	220	230	240	250	260	270
280	290	300	310	315	320	330	340	350	355	360	370	375	380
390	400	410	420	430	440	450	460	470	480	490	500	520	530
550	560	580	600	630	650	670	700	710	750	800	850	900	950

6.4 Umrechnungsbeziehungen für gesetzliche Einheiten

Größe	Gesetzliche Einheit: Name und Einheitenzeichen	Gesetzliche Einheit: ausgedrückt als Potenzprodukt der Basiseinheiten	Früher gebräuchliche Einheit (nicht mehr zulässig) und Umrechnungsbeziehung
Kraft F	Newton N	$1\ \text{N} = 1\ \text{m kg s}^{-2}$	Kilopond kp $1\ \text{kp} = 9{,}80665\ \text{N} \approx 10\ \text{N}$ $1\ \text{kp} \approx 1\ \text{daN}$
Druck p	$\frac{\text{Newton}}{\text{Quadratmeter}}\ \frac{\text{N}}{\text{m}^2}$ $1\frac{\text{N}}{\text{m}^2} = 1\ \text{Pascal Pa}$ $1\ \text{bar} = 10^5\ \text{Pa}$	$1\frac{\text{N}}{\text{m}^2} = 1\ \text{m}^{-1}\ \text{kg s}^{-2}$	Meter Wassersäule mWS $1\ \text{mWS} = 9{,}806\,65 \cdot 10^3\ \text{Pa}$ $1\ \text{mWS} \approx 0{,}1\ \text{bar}$ Millimeter Wassersäule mm WS $1\ \text{mm WS} \approx 9{,}806\,65\frac{\text{N}}{\text{m}^2} \approx 10\ \text{Pa}$ Millimeter Quecksilbersäule mmHg $1\ \text{mmHg} = 133{,}3224\ \text{Pa}$ Torr $1\ \text{Torr} = 133{,}3224\ \text{Pa}$ Technische Atmosphäre at $1\ \text{at} = 1\frac{\text{kp}}{\text{cm}^2} = 9{,}80665 \cdot 10^4\ \text{Pa}$ $1\ \text{at} \approx 1\ \text{bar}$ Physikalische Atmosphäre atm $1\ \text{atm} = 1{,}01325 \cdot 10^5\ \text{Pa} \approx 1{,}01\ \text{bar}$
Die gebräuchlichsten Vorsätze und deren Kurzzeichen	für das Millionenfache (10^6fache) der Einheit: für das Tausendfache (10^3fache) der Einheit: für das Zehnfache (10fache) der Einheit: für das Hundertstel (10^{-2}fache) der Einheit: für das Tausendstel (10^{-3}fache) der Einheit: für das Millionstel (10^{-6}fache) der Einheit:	Mega M Kilo k Deka da Zenti c Milli m Mikro μ	
Mechanische Spannung σ, τ, ebenso Festigkeit, Flächenpressung, Lochleibungsdruck	$\frac{\text{Newton}}{\text{Quadratmillimeter}}\ \frac{\text{N}}{\text{mm}^2}$ $1\frac{\text{N}}{\text{mm}^2} = 10^6\frac{\text{N}}{\text{m}^2} = 10^6\ \text{Pa}$ $= 1\ \text{MPa} = 10\ \text{bar}$	$1\frac{\text{N}}{\text{mm}^2} = 10^6\ \text{m}^{-1}\ \text{kg s}^{-2}$	$\frac{\text{kp}}{\text{mm}^2}$ und $\frac{\text{kp}}{\text{cm}^2}$ $1\frac{\text{kp}}{\text{mm}^2} = 9{,}80665\frac{\text{N}}{\text{mm}^2} \approx 10\frac{\text{N}}{\text{mm}^2}$ $1\frac{\text{kp}}{\text{cm}^2} = 0{,}0980665\frac{\text{N}}{\text{mm}^2} \approx 0{,}1\frac{\text{N}}{\text{mm}^2}$
Drehmoment M Biegemoment M_b Torsionsmoment M_T	Newtonmeter Nm	$1\ \text{Nm} = 1\ \text{m}^2\ \text{kg s}^{-2}$	Kilopondmeter kpm $1\ \text{kpm} = 9{,}80665\ \text{Nm} \approx 10\ \text{Nm}$ Kilopondzentimeter kpcm $1\ \text{kpcm} = 0{,}0980665\ \text{Nm} \approx 0{,}1\ \text{Nm}$
Arbeit W Energie E	Joule J $1\ \text{J} = 1\ \text{Nm} = 1\ \text{Ws}$	$1\ \text{J} = 1\ \text{Nm} = 1\ \text{m}^2\ \text{kg s}^{-2}$	Kilopondmeter kpm $1\ \text{kpm} = 9{,}80665\ \text{J} \approx 10\ \text{J}$
Leistung P	Watt W $1\ \text{W} = 1\frac{\text{J}}{\text{s}} = 1\frac{\text{Nm}}{\text{s}}$	$1\ \text{W} = 1\ \text{m}^2\ \text{kg s}^{-3}$	$\frac{\text{Kilopondmeter}}{\text{Sekunde}}\ \frac{\text{kpm}}{\text{s}}$ $1\frac{\text{kpm}}{\text{s}} = 9{,}80665\ \text{W} \approx 10\ \text{W}$ Pferdestärke PS $1\ \text{PS} = 75\frac{\text{kpm}}{\text{s}} = 735{,}49875\ \text{W}$

6 Allgemeine Tabellen

Größe	Gesetzliche Einheit: Name und Einheitenzeichen	Gesetzliche Einheit: ausgedrückt als Potenzprodukt der Basiseinheiten	Früher gebräuchliche Einheit (nicht mehr zulässig) und Umrechnungsbeziehung
Impuls $F\,\Delta t$	Newtonsekunde Ns $1\ \mathrm{Ns} = 1\ \frac{\mathrm{kgm}}{\mathrm{s}}$	$1\ \mathrm{Ns} = 1\ \mathrm{m\ kg\ s^{-1}}$	Kilopondsekunde kps 1 kps = 9,80665 Ns ≈ 10 Ns
Drehimpuls $M\,\Delta t$	Newtonmeter-sekunde Nms $1\ \mathrm{Nms} = 1\ \frac{\mathrm{kgm^2}}{\mathrm{s}}$	$1\ \mathrm{Nms} = 1\ \mathrm{m^2\ kg\ s^{-1}}$	Kilopondmetersekunde kpms 1 kpms = 9,80665 Nms ≈ 10 Nms
Trägheitsmoment J	Kilogramm-meterquadrat $\mathrm{kgm^2}$	$1\ \mathrm{m^2\ kg}$	Kilopondmeter-sekundequadrat $\mathrm{kpms^2}$ $1\ \mathrm{kpms^2} = 9{,}80665\ \mathrm{kgm^2} \approx 10\ \mathrm{kgm^2}$
Wärme, Wärmemenge Q	Joule J 1 J = 1 Nm = 1 Ws	$1\ \mathrm{J} = 1\ \mathrm{Nm} = 1\ \mathrm{m^2\ kg\ s^{-2}}$	Kalorie cal 1 cal = 4,1868 J Kilokalorie kcal 1 kcal = 4186,8 J
Temperatur T	Kelvin K	Basiseinheit Kelvin K	Grad Kelvin °K 1 °K = 1 K
Temperatur-intervall ΔT	Kelvin K und Grad Celsius °C	Basiseinheit Kelvin K	Grad grd 1 grd = 1 K = 1 °C
Celsius-Temperatur t, ϑ	Grad Celsius °C	Basiseinheit °C	
Längenausdehnungs-koeffizient α_l	Eins durch Kelvin $\frac{1}{\mathrm{K}}$	$\frac{1}{\mathrm{K}} = \mathrm{K^{-1}}$	$\frac{1}{\mathrm{grd}}, \frac{1}{°\mathrm{C}}$ $\frac{1}{\mathrm{grd}} = \frac{1}{°\mathrm{C}} = \frac{1}{\mathrm{K}}$

6.5 Das griechische Alphabet

Alpha	Α	α	Jota	Ι	ι	Rho	Ρ	ϱ
Beta	Β	β	Kappa	Κ	κ	Sigma	Σ	σ
Gamma	Γ	γ	Lambda	Λ	λ	Tau	Τ	τ
Delta	Δ	δ	My	Μ	μ	Ypsilon	Υ	υ
Epsilon	Ε	ε	Ny	Ν	ν	Phi	Φ	φ
Zeta	Ζ	ζ	Xi	Ξ	ξ	Chi	Χ	χ
Eta	Η	η	Omikron	Ο	o	Psi	Ψ	ψ
Theta	Θ	ϑ	Pi	Π	π	Omega	Ω	ω

7 Mathematische Hilfen

1	Rechnen mit null	$a \cdot b = 0$ heißt $a = 0$ oder $b = 0$ $\quad 0 \cdot a = 0 \quad 0 : a = 0$
2	Quotient	$a = \frac{b}{n} = b : n \quad n \neq 0$ $\quad b$ Dividend $\quad n$ Divisor Division durch null gibt es nicht.
3	Binomische Formel, Polygon	$(a+b)^2 = (a+b)(a+b) = a^2 + 2ab + b^2$ $(a-b)^2 = (a-b)(a-b) = a^2 - 2ab + b^2$ $a^2 - b^2 = (a+b)(a-b)$ $(a+b+c)^3 = a^3 \pm 3a^2b + 3ab^2 \pm b^3$
4	arithmetisches Mittel	$x_a = \frac{x_1 + x_2 + \ldots + x_n}{n}$ $\quad$ *Beispiel:* $x_a = \frac{2+3+6}{3} = 3{,}67$
5	geometrisches Mittel	$x_g = \sqrt[n]{x_1 \cdot x_2 \cdot \ldots \cdot x_n}$ $\quad$ *Beispiel:* $x_g = \sqrt[3]{2 \cdot 3 \cdot 6} = \sqrt[3]{36} = 3{,}3$
6	erste und nullte Potenz	$a^1 = a \quad a^0 = 1$ $\quad$ *Beispiel:* $7^1 = 7 \quad 7^0 = 1$
7	negativer Exponent	$a^{-n} = \frac{1}{a^n} \quad a^{-1} = \frac{1}{a}$ $\quad$ *Beispiel:* $7^{-2} = \frac{1}{7^2} \quad 7^{-1} = \frac{1}{7}$
8	Zehnerpotenzen	$10^0 = 1$ $\quad 10^6 = 1$ Million $\quad 10^{-1} = 0{,}1$ $10^1 = 10$ $\quad 10^9 = 1$ Milliarde $\quad 10^{-2} = 0{,}01$ $10^2 = 100$ $\quad 10^{12} = 1$ Billion $\quad 10^{-3} = 0{,}001$ $10^3 = 1000$ $\quad 10^{15} = 1$ Billiarde usw. $\quad 10^{-4} = 0{,}0001$ usw.
9	Wurzel-Definition	$\sqrt[n]{c} = a \rightarrow a^n = c$ $a \geq 0$ und $c \geq 0$ $\quad$ *Beispiel:* $\sqrt[4]{81} = 3 \rightarrow 3^4 = 81$ $\sqrt{\ }$ immer positiv
10	Wurzeln sind Potenzen mit gebrochenen Exponenten, es gelten die Regeln der Potenzrechnung	$\sqrt[n]{c} = c^{\frac{1}{n}}$ $-\sqrt[n]{c} = c^{-\frac{1}{n}} = \frac{1}{c^{\frac{1}{n}}} = \frac{1}{\sqrt[n]{c}} = \sqrt[n]{\frac{1}{c}} = \sqrt[n]{c^{-1}}$ $\quad$ *Beispiel:* $\sqrt[4]{81} = 81^{\frac{1}{4}} = 3$
11	Quadratische Gleichung (allgemeine Form)	$a_2 x^2 + a_1 x + a_0 = 0 \quad (a_2 \neq 0)$
12	Quadratische Gleichung (Normalform)	$x^2 + \frac{a_1}{a_2} x + \frac{a_0}{a_2} = x^2 + px + q = 0$
13	Quadratische Gleichung (Lösungsformel mit Beispiel)	$x_{1,2} = -\frac{p}{2} \pm \sqrt{\left(\frac{p}{2}\right)^2 - q}$ *Beispiel:* $\left.\begin{array}{r} 25x^2 - 70x + 13 = 0 \\ x^2 - \frac{70}{25}x + \frac{13}{25} = 0 \end{array}\right\}$ $x_{1,2} = +\frac{70}{50} \pm \sqrt{\left(\frac{70}{50}\right)^2 - \frac{13}{25}}$ $x_1 = +\frac{7}{5} + \sqrt{\frac{49}{25} - \frac{13}{25}} = \frac{13}{5}; x_2 = \frac{1}{5}$ Die Lösungen x_1 und x_2 sind a) beide verschieden und reell, wenn der Wurzelwert positiv ist b) beide gleich und reell, wenn der Wurzelwert null ist c) beide konjugiert komplex, wenn der Wurzelwert negativ ist.
14	Kontrolle der Lösungen (Viëta)	$x_1 + x_2 = -p$ $\quad$ Im Beispiel ist $p = -\frac{70}{25}$ und $q = \frac{13}{25}$ also $x_1 \cdot x_2 = q$ $\quad$ $x_1 + x_2 = \frac{13}{5} + \frac{1}{5} = \frac{14}{5} = \frac{70}{25} = -p$ $x_1 \cdot x_2 = \frac{13}{5} \cdot \frac{1}{5} = \frac{13}{25} = q$

7 Mathematische Hilfen

15

Dreieck (gleichseitiges)

$$A = \frac{a^2}{4}\sqrt{3} \qquad r = \frac{a}{3}\sqrt{3} \qquad \varrho = \frac{a}{6}\sqrt{3}$$

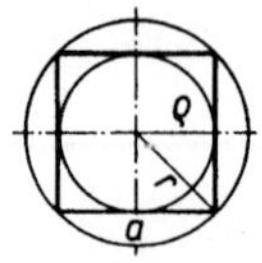

Viereck (Quadrat)

$$A = a^2 \qquad r = \frac{a}{2}\sqrt{2} \qquad \varrho = \frac{a}{2}$$

16

Fünfeck

$$A = \frac{a^2}{4}\sqrt{25+10\sqrt{5}} \qquad r = \frac{a}{10}\sqrt{50+10\sqrt{5}} \qquad \varrho = \frac{a}{10}\sqrt{25+10\sqrt{5}}$$

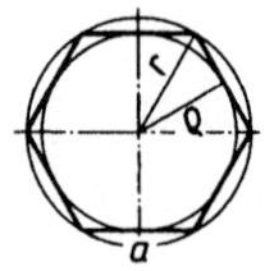

Sechseck

$$A = \frac{3}{2}a^2\sqrt{3} \qquad r = a \qquad \varrho = \frac{a}{2}\sqrt{3}$$

17

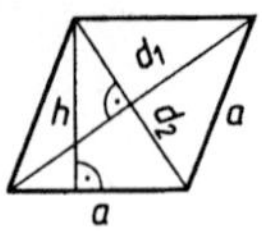

Rhombus

$$A = a\,h = \frac{d_1\,d_2}{2} \qquad U = 4a$$

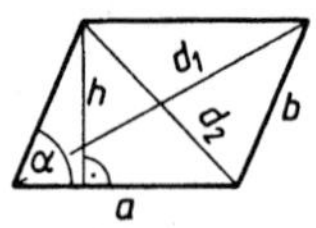

Parallelogramm

$$A = a\,h = ab\sin\alpha$$
$$U = 2\,(a+b)$$
$$d_1 = \sqrt{(a+h\cot\alpha)^2+h^2}$$
$$d_2 = \sqrt{(a-h\cot\alpha)^2+h^2}$$

18

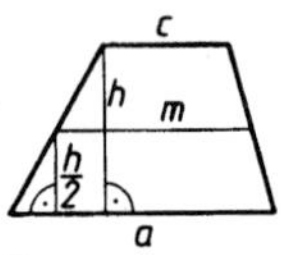

Trapez

$$A = \frac{a+c}{2}h \qquad A = m\,h \qquad m = \frac{a+c}{2}$$

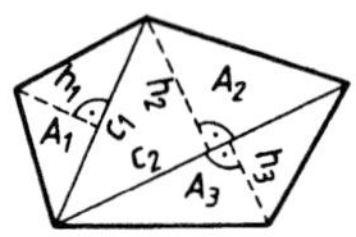

Vieleck

$$A = A_1 + A_2 + A_3$$
$$A = \frac{c_1\,h_1 + c_2\,h_2 + c_2\,h_3}{2}$$

19

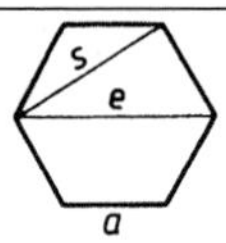

regelmäßiges Sechseck

$$A = \frac{3}{2}a^2\sqrt{3}$$

Schlüsselweite: $S = a\sqrt{3}$

Eckenmaß: $e = 2\,a$

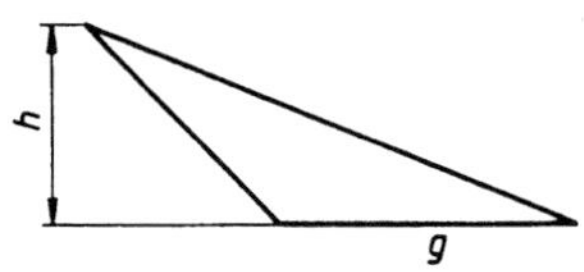

Dreieck

$$A = \frac{g\,h}{2}$$

20

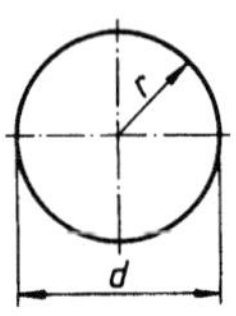

Kreis

$$A = r^2\,\pi = \frac{d^2\,\pi}{4}$$
$$U = 2\,r\,\pi = d\,\pi$$
$$\pi = 3{,}141592$$

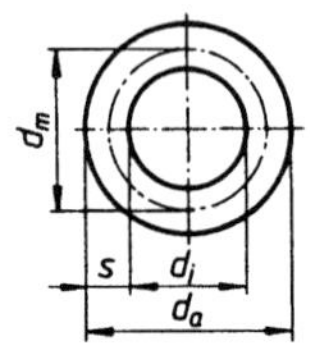

Kreisring

$$A = \pi\,(r_a^2 - r_i^2) = \frac{\pi}{4}(d_a^2 - d_i^2) = d_m\,\pi\,s$$
$$s = \frac{d_a - d_i}{2}$$
$$d_m = \frac{d_a + d_i}{2}$$

21

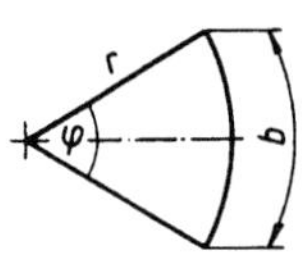

Kreissektor

$$A = \frac{b\,r}{2} = \frac{\varphi^\circ}{360^\circ}\pi\,r^2 = \frac{\varphi r^2}{2}$$

Bogenlänge b:

$$b = \varphi r = \frac{\varphi^\circ\,\pi\,r}{180^\circ}$$

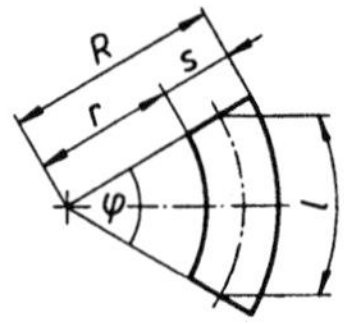

$$A = \frac{\varphi^\circ\cdot\pi}{360^\circ}(R^2 - r^2) = l\,s$$

mittlere Bogenlänge l:

$$l = \frac{R+r}{2}\cdot\frac{\pi}{180^\circ}\,\varphi^\circ$$

Ringbreite s:

$$s = R - r$$

22	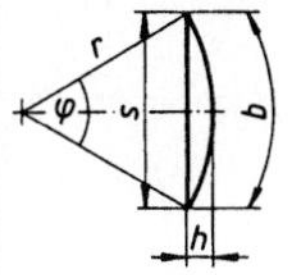 Kreisabschnitt	$A = \frac{r^2}{2}\left(\frac{\varphi^\circ \pi}{180^\circ} - \sin\varphi\right)$ $A = \frac{1}{2}\left[r\,(b-s) + s\,h\right]$ $A \approx \frac{2}{3} s\,h$ Sehnenlänge s: $s = 2r\sin\frac{\varphi}{2}$ Kreisradius r: $r = \frac{\left(\frac{s}{2}\right)^2 + h^2}{2h}$ Bogenhöhe h: $h = r\left(1 - \cos\frac{\varphi}{2}\right)$ $h = \frac{s}{2}\tan\frac{\varphi}{4}$ Bogenhöhe b: $b = \sqrt{s^2 + \frac{16}{3}h^2}$ $b = \frac{\varphi^\circ \pi r}{180^\circ} = \varphi r$
23	Begriff des ebenen Winkels	Der ebene Winkel α (kurz: Winkel α, im Gegensatz zum Raumwinkel) zwischen den beiden Strahlen g_1, g_2 ist die Länge des Kreisbogens b auf dem Einheitskreis, der im Gegenuhrzeigersinn von Punkt P_1 zum Punkt P_2 führt. 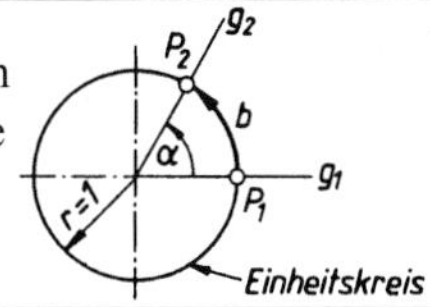
24	Bogenmaß des ebenen Winkels	Die Länge des Bogens b auf dem Einheitskreis ist das Bogenmaß des Winkels.
25	kohärente Einheit des ebenen Winkels	Die kohärente Einheit (SI-Einheit) des ebenen Winkels ist der Radiant (rad). Der Radiant ist der ebene Winkel, für den das Verhältnis der Länge des Kreisbogens b zu seinem Radius r gleich eins ist. $1\,\text{rad} = \frac{b}{r} = 1$
26	Vollwinkel und rechter Winkel	Für den Vollwinkel α beträgt der Kreisbogen $b = 2\pi r$. Es ist demnach: $\alpha = \frac{b}{r} = \frac{2\pi r}{r}\,\text{rad} = 2\pi\,\text{rad}$ Vollwinkel $= 2\pi$ rad Ebenso ist für den rechten Winkel ($1^\llcorner$): $\alpha = 1^\llcorner = \frac{b}{r} = \frac{2\pi r}{4r}\,\text{rad} = \frac{\pi}{2}\,\text{rad}$ rechter Winkel $1^\llcorner = \frac{\pi}{2}$ rad
27	Umrechnung von Winkeleinheiten	Ein Grad (1°) ist der 360ste Teil des Vollwinkels (360°). Folglich gilt: $1^\circ = \frac{b}{r} = \frac{2\pi r}{360\,r}\,\text{rad} = \frac{2\pi}{360}\,\text{rad} = \frac{\pi}{180}\,\text{rad}$ $1^\circ = \frac{\pi}{180}\,\text{rad} \approx 0{,}0175\,\text{rad}$ oder durch Umstellen: $1\,\text{rad} = \frac{1^\circ \cdot 180}{\pi} = \frac{180^\circ}{\pi} \approx 57{,}3^\circ$ *Beispiel:* a) $\alpha = 90^\circ = \frac{\pi}{180^\circ}\,90^\circ\,\text{rad} = \frac{\pi}{2}\,\text{rad}$ b) $\alpha = \pi\,\text{rad} = \pi\,\frac{180^\circ}{\pi} = 180^\circ$
28		$\text{Sinus} = \frac{\text{Gegenkathete}}{\text{Hypotenuse}}$ $\sin\alpha = BC = \frac{a}{c}$ $\text{Kosinus} = \frac{\text{Ankathete}}{\text{Hypotenuse}}$ $\cos\alpha = OB = \frac{b}{c}$ (von $-1 \ldots +1$) $\text{Tangens} = \frac{\text{Gegenkathete}}{\text{Ankathete}}$ $\tan\alpha = AD = \frac{a}{b}$ $\text{Kotangens} = \frac{\text{Ankathete}}{\text{Gegenkathete}}$ $\cot\alpha = EF = \frac{b}{a}$ (von $-\infty \ldots +\infty$) $\text{Sekans} = \frac{\text{Hypotenuse}}{\text{Ankathete}}$ $\sec\alpha = OD = \frac{c}{b}$ $\text{Kosekans} = \frac{\text{Hypotenuse}}{\text{Gegenkathete}}$ $\operatorname{cosec}\alpha = OF = \frac{c}{d}$ (von $-\infty \ldots +\infty$ und $+1 \ldots +\infty$) 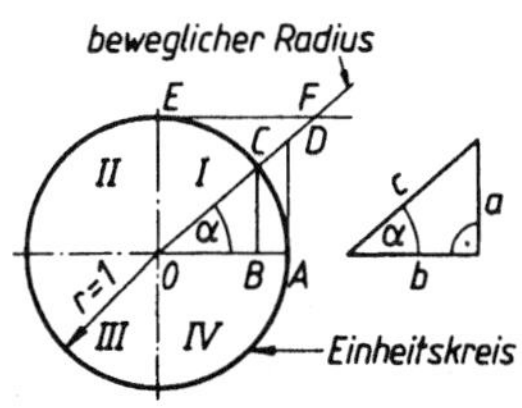 *Hinweis:* Winkel werden vom festen Radius OA aus linksdrehend gemessen.

7 Mathematische Hilfen

29 Trigonometrische Funktionen:

$y = \sin x$ $\quad y = \cos x$

$y = \tan x$ $\quad y = \cot x$

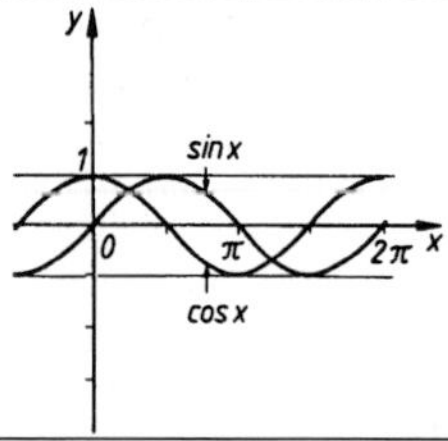

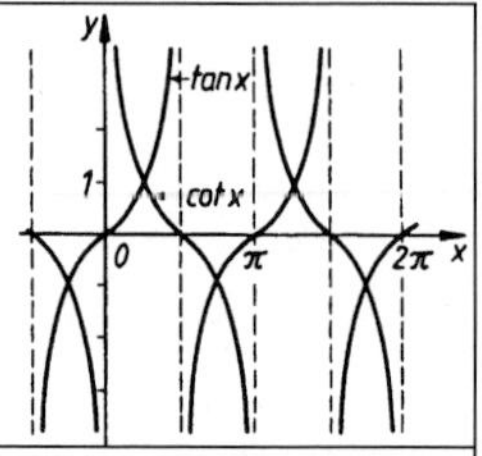

30 Vorzeichen der Funktion (richtet sich nach dem Quadranten, in dem der bewegliche Radius liegt)

Quadrant	Größe des Winkels	sin	cos	tan	cot	sec	cosec
I	von 0° bis 90°	+	+	+	+	+	+
II	von 90° bis 180°	+	–	–	–	–	+
III	von 180° bis 270°	–	–	+	+	–	–
IV	von 270° bis 360°	–	+	–	–	+	–

31 Funktionen für Winkel zwischen 90° … 360°

Funktion	$\beta = 90° \pm \alpha$	$\beta = 180° \pm \alpha$	$\beta = 210° \pm \alpha$	$\beta = 360° - \alpha$
$\sin \beta$	$+\cos \alpha$	$\mp \sin \alpha$	$-\cos \alpha$	$-\sin \alpha$
$\cos \beta$	$\mp \sin \alpha$	$-\cos \alpha$	$\pm \sin \alpha$	$+\cos \alpha$
$\tan \beta$	$\mp \cot \alpha$	$\pm \tan \alpha$	$\mp \cot \alpha$	$-\tan \alpha$
$\cot \beta$	$\mp \tan \alpha$	$\pm \cot \alpha$	$\mp \tan \alpha$	$-\cot \alpha$

Beispiel: sin 205° = sin (180 + 25°) = – (sin 25°) = – 0,4226

32 Sinussatz

$$\frac{a}{b} = \frac{\sin \alpha}{\sin \beta}; \quad \frac{b}{c} = \frac{\sin \beta}{\sin \gamma}; \quad \frac{c}{a} = \frac{\sin \gamma}{\sin \alpha}$$

Kosinussatz (bei stumpfem Winkel α wird $\cos \alpha$ negativ)

$$a^2 = b^2 + c^2 - 2\,b\,c \cos \alpha; \ldots$$

$$a^2 = (b + c)^2 - 4\,b\,c \cos^2 (\alpha/2); \ldots$$

$$a^2 = (b - c)^2 + 4\,b\,c \sin^2 (\alpha/2); \ldots$$

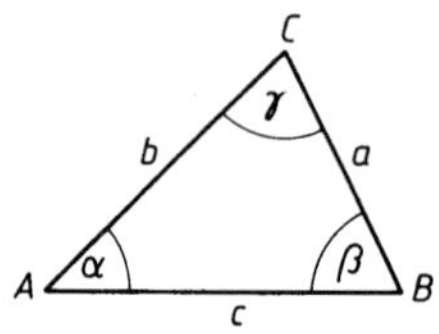

Die Punkte weisen darauf hin, dass sich durch zyklisches Vertauschen von a, b, c und α, β, γ, zwei weitere Gleichungen ergeben.

33 Funktionen für negative Winkel werden auf solche für positive Winkel zurückgeführt:

$\sin(-\alpha) = -\sin \alpha$ $\qquad \cos(-\alpha) = \cos \alpha$

$\tan(-\alpha) = -\tan \alpha$ $\qquad \cot(-\alpha) = -\cot \alpha$

Beispiel: sin (– 205°) = –sin 205°

34 Funktionen für Winkel über 360° werden auf solche von Winkeln zwischen 0° … 360° zurückgeführt (bzw. zwischen 0° … 180°); „n" ist ganzzahlig:

$\sin(360° \cdot n + \alpha) = \sin \alpha$

$\cos(360° \cdot n + \alpha) = \cos \alpha$

$\tan(180° \cdot n + \alpha) = \tan \alpha$

$\cot(180° \cdot n + \alpha) = \cot \alpha$

Beispiel:
sin (– 660°) = – sin 660° = – sin (360° · 1 + 300°) =
= – sin 300° = – sin (270° + 30°) = + cos 30° = 0,8660

35 Grundformeln

$$\sin^2 \alpha + \cos^2 \alpha = 1 \qquad \tan \alpha = \frac{\sin \alpha}{\cos \alpha} \qquad \cot \alpha = \frac{1}{\tan \alpha} = \frac{\cos \alpha}{\sin \alpha}$$

36 Umrechnung zwischen Funktionen desselben Winkels (die Wurzel erhält das Vorzeichen des Quadranten, in dem der Winkel α liegt)

	$\sin \alpha$	$\cos \alpha$	$\tan \alpha$	$\cot \alpha$
$\sin \alpha =$	$\sin \alpha$	$\sqrt{1-\cos^2 \alpha}$	$\frac{\tan \alpha}{\sqrt{1+\tan^2 \alpha}}$	$\frac{1}{\sqrt{1+\cot^2 \alpha}}$
$\cos \alpha =$	$\sqrt{1-\sin^2 \alpha}$	cos a	$\frac{1}{\sqrt{1+\tan^2 \alpha}}$	$\frac{\cot \alpha}{\sqrt{1+\cot^2 \alpha}}$
$\tan \alpha =$	$\frac{\sin \alpha}{\sqrt{1-\sin^2 \alpha}}$	$\frac{\sqrt{1-\cos^2 \alpha}}{\cos \alpha}$	$\tan \alpha$	$\frac{1}{\cot \alpha}$
$\cot \alpha =$	$\frac{\sqrt{1-\sin^2 \alpha}}{\sin \alpha}$	$\frac{\cos \alpha}{\sqrt{1-\cos^2 \alpha}}$	$\frac{1}{\tan \alpha}$	$\cot \alpha$

37	Additions-Theoreme	$\sin(\alpha+\beta)=\sin\alpha\cdot\cos\beta+\cos\alpha\cdot\sin\beta$; $\sin(\alpha-\beta)=\sin\alpha\cdot\cos\beta-\cos\alpha\cdot\sin\beta$; $\tan(\alpha+\beta)=\dfrac{\tan\alpha+\tan\beta}{1-\tan\alpha\cdot\tan\beta}$ $\tan(\alpha-\beta)=\dfrac{\tan\alpha-\tan\beta}{1+\tan\alpha\cdot\tan\beta}$	$\cos(\alpha+\beta)=\cos\alpha\cdot\cos\beta-\sin\alpha\cdot\sin\beta$ $\cos(\alpha-\beta)=\cos\alpha\cdot\cos\beta+\sin\alpha\cdot\sin\beta$ $\cot(\alpha+\beta)=\dfrac{\cot\alpha\cdot\cot\beta-1}{\cot\alpha+\cot\beta}$ $\cot(\alpha-\beta)=\dfrac{\cot\alpha\cdot\cot\beta+1}{\cot\beta-\cot\alpha}$
38	Summen-formeln	$\sin\alpha+\sin\beta=2\sin\dfrac{\alpha+\beta}{2}\cos\dfrac{\alpha-\beta}{2}$ $\sin\alpha-\sin\beta=2\sin\dfrac{\alpha+\beta}{2}\sin\dfrac{\alpha-\beta}{2}$ $\tan\alpha+\tan\beta=\dfrac{\sin(\alpha+\beta)}{\cos\alpha\cos\beta}$ $\tan\alpha-\tan\beta=\dfrac{\sin(\alpha-\beta)}{\cos\alpha\cos\beta}$ $\sin(\alpha+\beta)+\sin(\alpha-\beta)=2\sin\alpha\cos\beta$ $\sin(\alpha+\beta)-\sin(\alpha-\beta)=2\cos\alpha\sin\beta$ $\cos\alpha+\sin\alpha=\sqrt{2}\sin(45°+\alpha)$ $=\sqrt{2}\cos(45°-\alpha)$ $\dfrac{1+\tan\alpha}{1-\tan\alpha}=\tan(45°+\alpha)$	$\cos\alpha+\cos\beta=2\cos\dfrac{\alpha+\beta}{2}\cos\dfrac{\alpha-\beta}{2}$ $\cos\alpha-\cos\beta=-2\sin\dfrac{\alpha+\beta}{2}\sin\dfrac{\alpha-\beta}{2}$ $\cot\alpha+\cot\beta=\dfrac{\sin(\beta+\alpha)}{\sin\alpha\sin\beta}$ $\cot\alpha-\cot\beta=\dfrac{\sin(\alpha-\beta)}{\sin\alpha\sin\beta}$ $\cos(\alpha+\beta)+\cos(\alpha-\beta)=2\cos\alpha\cos\beta$ $\cos(\alpha+\beta)-\cos(\alpha-\beta)=2\sin\alpha\sin\beta$ $\cos\alpha-\sin\alpha=\sqrt{2}\cos(45°+\alpha)$ $=\sqrt{2}\sin(45°-\alpha)$ $\dfrac{\cot\alpha+1}{\cot\alpha-1}=\cot(45°-\alpha)$

Glossar

A

Abscherbeanspruchung (shear) S. 28
Eine der fünf Grundbeanspruchungsarten aus der Festigkeitslehre, bei der zwei benachbarte Querschnitte des beanspruchten Bauteils durch das äußere Kräftesystem gegeneinander verschoben werden.
Die Spannung liegt in der Querschnittsfläche (Schubspannung τ). Bezeichnung: Abscherspannung τ_a, z.B. in Nieten, Passstiften und -schrauben, Achsen.

Abscherfestigkeit τ_{aB} (shear strength) S. 28
Diejenige Schubspannung in N/mm², bei der die benachbarten Querschnitte eines Probestabes bleibend voneinander getrennt werden (Bruch).

Abscherhauptgleichung (shear principal equation) S. 28
Mathematischer Zusammenhang zwischen der auf ein Bauteil wirkenden Querkraft F_q, der Querschnittsfläche A und der Abscherspannung $\tau_a = F_q/A$.

Absoluter Druck p_{abs} (absolute pressure) S. 24
Der in einem abgeschlossenen Raum (z.B. Dampfkesselraum) herrschender Druck $p_{abs} = p_{at}$ (Atmosphärendruck = äußerer Luftdruck) + $p_ü$ (Überdruck).

Abtriebsleistung P_{ab} (output power)
Leistung in kW, W oder Nm/s an der Abtriebswelle eines Motors, eines Getriebes oder einer Kraft- oder Arbeitsmaschine (z.B. einer Werkzeugmaschine).
P_{ab} lässt sich mit der Wirkungsgradgleichung $\eta = P_{ab}/P_{an}$ aus der Antriebsleistung P_{an} berechnen: $P_{ab} = P_{an}\ \eta$.

Abtriebsmoment M_{ab} (output torque)
Antriebsmoment M_{an} (input torque) S. 19
Drehkraftwirkung in Nm an der Abtriebswelle, z.B. eines Zahnradgetriebes.
M_{ab} ist über den Wirkungsgrad η und die Übersetzung i des Getriebes mit dem erforderlichen Antriebsmoment M_{an} verbunden: $M_{ab} = M_{an}\ i\ \eta$. Das Antriebsmoment M_{an} lässt sich aus der Antriebsleistung P_{an} und der Antriebsdrehzahl n_{an} ermitteln:

$$M_{an} = \frac{P_{an}}{2\pi n_{an}}$$

Allgemeines Kräftesystem (general system of forces) S. 2
In der Statik die an einem Bauteil angreifenden Kräfte, deren Wirklinien sich nicht in einem gemeinsamen Angriffspunkt schneiden (Gegensatz: zentrales Kräftesystem).
Solche Kräftesysteme sind nur dann im Gleichgewicht, wenn die drei Gleichgewichtsbedingungen erfüllt sind:
$\Sigma F_x = 0, \Sigma F_y = 0, \Sigma M = 0$.

Analogieschluss (anology deduction) S. 20
In der Physik das Übernehmen physikalischer Gesetzmäßigkeiten (Definitionsgleichungen, Formeln, Gesetze) in einen gleichartigen physikalischen Vorgang.
Beispiel: $v = \Delta s / \Delta t$ (translatorische Bewegung) entspricht $\omega = \Delta\varphi / \Delta t$ (rotatorische Bewegung).

Analytische Lösung (analytical solution) S. 4
In der Technischen Mechanik die rechnerische Ermittlung von noch unbekannten Stützkräften und -momenten, die das Gleichgewicht eines Systems herstellen sollen:
$\Sigma F_x = 0, \Sigma F_y = 0$ und $\Sigma M = 0$.
Beispiele:
Getriebewelle, Träger, Achse, Stütze, Hebel usw. Berechnungsverfahren z.B. Ritter'sches Schnittverfahren, Knotenschnittverfahren. Gegensatz: Grafische Lösungsverfahren.

Anlaufreibung (starting-up friction) S. 10
Physikalischer Zustand in einem Gleitlager kurz vor Drehung der Welle.
Vor dem Anlaufen einer Welle muss das Wellendrehmoment die an der Berührungsstelle Welle/Lager auftretende Haftreibung und damit das entstehende Haftreibungsmoment überwinden. Beim Anlaufen selbst tritt dann die (geringere) Mischreibung auf und erst bei höherer Gleitgeschwindigkeit die noch kleinere Flüssigkeitsreibung.

Anformung (forming) S. 38
Der Querschnittsverlauf eines Bauteils (meist: Biegeträger) wird so gestaltet, dass in jedem Querschnitt (x) die gleiche Biegespannung $\sigma_{b(x)}$ auftritt (σ_b = konstant). Ergebnis: Werkstoffeinsparung, Gewichtsverminderung (Fahrzeugbau).

Anstrengungsverhältnis α_0 (strain relation) S. 33
Verhältnis der zulässigen Biegespannung zur zulässigen Torsionsspannung in Abhängigkeit vom Belastungsfall.
Wird zur Berechnung der Vergleichsspannung σ_v bei zusammengesetzter Beanspruchung aus Biegung und Torsion gebraucht, meist bei Wellenberechnungen.

Anzugsmoment M_A (initial torque) S. 10
Drehmoment, mit dem eine Befestigungsschraube angezogen werden muss, um eine lockerungssichere Schraubenverbindung herzustellen, z.B. mit einem Drehmomentenschlüssel an Flanschen, Zylinderköpfen an Verbrennungsmotoren, Fahrzeug rädern.

Arbeit W (work) S.17
Produkt aus der Verschiebekraft F = konstant und dem Verschiebeweg s eines Körpers: $W = F \cos\alpha\ s$ (α ist der Richtungswinkel zwischen Verschiebeweg und Kraftwirklinie).

Auflagereibungsmoment M_{Ra} (support friction torque) S. 10
Muss beim Anziehen einer Befestigungsschraube vom Anzugsmoment M_A überwunden werden.
M_{Ra} ist abhängig von der Schraubenlängskraft F, der Reibungszahl μ_a an der Mutterauflagefläche, dem Wirkabstand r_a der Reibungskraft von der Schraubenachse.

Auftriebskraft F_a (buoyancy force) S. 25
Die zum Eintauchen eines Körpers in ein Fluid (z.B. Wasser, Öl, flüssiges Metall) erforderliche Kraft. F_a ist gleich der Gewichtskraft F_G der Fluidmasse m, die der eingetauchte Körper verdrängt:

Ausflussgeschwindigkeit v_a (outflow velocity) S. 27
Geschwindigkeit, mit der ein Fluid (z.B. Wasser, Öl, Luft) aus einem Behälter ausströmt.

Ausflusszahl μ (outflow coefficient) S. 27
Faktor, um den sich beim Ausfluss eines Fluids aus einem Gefäß der theoretische Volumenstrom V verringert.

B

Backenbremse (block brake) S. 11
Bremsvorrichtung, bei der die Bremskraft F auf die Bremstrommel radial über die Bremsbacke (Bremsklotz) aufgebracht wird.
In der Fördertechnik und Fahrzeugbau werden meist Doppelbackenbremsen verwendet, bei denen sich die Radialkräfte auf die Bremstrommel ausgleichen.

Bandbremse (band brake) S. 11
Bremssystem, bei dem die Bremstrommel von einem Bremsband umschlungen und über einen Zughebel an die Bremstrommel angepresst wird.
Die entstehende Seilreibung erzeugt das Bremsmoment $M_B = F_r \cdot r$.

Beanspruchung (stress) S. 29
Spannungszustand im Werkstoffgefüge eines durch äußere Kräfte F oder Kraftmomente M belasteten Bauteils, z.B. in einer drehmomentenbelasteten Getriebewelle (Beanspruchung: Torsion).
Man unterscheidet zwischen Beanspruchung und Belastung. Das Werkstoffgefüge des Bauteils wird durch innere Kräfte beansprucht, das Bauteil selbst durch äußere Kräfte belastet. Die Höhe der Beanspruchung wird durch die Spannung gekennzeichnet.

Beanspruchungsart und Festigkeit (sort of stress and resistance) S. 28
Abhängigkeit der Festigkeitswerte (z.B. Zug-, Druck-, Biegefestigkeit) von der Spannungsart (Normal- oder Schubspannung) und der Spannungsverteilung über dem Querschnitt (gleich mäßig wie bei Zug/Druck oder linear wie bei Biegung und Torsion).

Bernoulli'sche Druckgleichung (Bernoulli's equation) S. 26
Aus dem Energieerhaltungssatz hergeleitete Grundgleichung für strömende Fluide nach dem Schweizer Mathematiker Daniel Bernoulli (1700–1782).
Danach ist in einem strömenden Fluid die Summe aus dem statischen Druck p, dem kinetischen Druck $q = \varrho\ v^2/2$ (Geschwindigkeitsdruck) und dem geodätischen Druck $\varrho\ g\ h$ konstant.

Beschleunigte Bewegung (accelerated movement) S. 13
Zeitlicher Ordnungsbegriff für den Bewegungszustand eines Körpers, gekennzeichnet durch die Zu- oder Abnahme der Geschwindigkeit v ($v \neq$ konstant).
Man unterscheidet zwischen gleichmäßig beschleunigter Bewegung ($v \neq$ konstant, a = konstant) und ungleichförmiger Bewegung ($v \neq$ konstant, $a \neq 0$).

Beschleunigung a (acceleration) S. 13
Quotient aus der Geschwindigkeitsänderung dv und dem zugehörigen Zeitintervall dt: $a = \mathrm{d}v/\mathrm{d}t$ oder $a = \Delta v/\Delta t$ (Grundgleichung der beschleunigten oder verzögerten Bewegung).

Beschleunigungsarbeit W_a (acceleration work) S. 19
Diejenige Arbeit, die zum Beschleunigen (oder Verzögern) eines Körpers erforderlich ist.
Wird ein Körper der Masse m durch eine resultierende Kraft $F_{res} = m\ a$ gleichförmig (a = konstant) längs eines Wegabschnitts Δs von der Geschwindigkeit v_1 auf die Geschwindigkeit v_2 beschleunigt (oder verzögert), dann ist dazu die Beschleunigungsarbeit W_a erforderlich. W_a ist gleich der Änderung der kinetischen Energie ΔE_{kin} des Körpers.
Für die Drehbewegung (Rotation) ist für die Masse m das Massenträgheitsmoment J und für die Geschwindigkeit v die Winkelgeschwindigkeit ω einzusetzen.

Beschleunigungsdiagramm (acceleration diagram) S. 13
Darstellung des Graphen a(t) im rechtwinkligen Koordinatensystem. Diagramm, in dem die Beschleunigung a eines Körpers über der Zeit t aufgetragen ist.

Bewegungslehre (kinematics) S. 13
Beschreibung des Bewegungszustandes eines Körpers ohne Berücksichtigung der an ihm angreifenden Kräfte F und Kraftmomente M.
Mit den physikalischen Größen Zeit t und Weg s werden Geschwindigkeit v und Beschleunigung a eines Körpers zur einem bestimmten Zeitpunkt und an einem bestimmten Ort im Raum oder in der Ebene mit mathematischen Gleichungen beschrieben.

Glossar

Biegehauptgleichung (bending principal equation) S. 29
Mathematischer Zusammenhang zwischen Biegemoment M_b in Nmm, axialem Widerstandsmoment W in mm^3 und Biegespannung $\sigma_b = M_b / W$ (σ_b in N/mm^2).

Biegemoment M_b (bending moment) S. 29
Statische Größe im inneren Kräftsystem (Einheit Nm oder Nmm), das Normalspannungen hervorruft (Biegespannung σ).

Biegemomentenverlauf (bending moment behaviour) S. 3
Zeichnerische Darstellung der Veränderung des Biegemoments M_b in Abhängigkeit von der Trägerlänge x in einem M_b,x-Diagramm.
Beispiel: Für einen Stützträger mit Einzellast F ist im M_b,x-Diagramm der Graph M_b(x) eine Gerade.

Biegespannung σ_b (bending stress) S. 29
Vom Querschnitt eines Bauteils aufzunehmende Kraft je Flächeneinheit in N/mm^2 bei der Beanspruchungsart Biegung.
Am belasteten, durchgebogenen Biegeträger stellen sich zwei vorher parallele Querschnitte schräg gegeneinander. Die neutrale Faserschicht ist unverkürzt, sie geht durch den Querschnittsschwerpunkt. Die Randschicht des Querschnitts erhält die stärkste Beanspruchung, die neutrale Faserschicht ist spannungsfrei (lineare Spannungsverteilung). Zweckmäßig sind daher Hohlquerschnitte oder Doppel-T-Querschnitts formen.

Biegeträger (girder) S. 34
Bezeichnung solcher Bauteile, die durch das äußere Kräftesystem hauptsächlich auf Biegung beansprucht werden.

Biegung (bend) S. 35
Grundbeanspruchungsart, bei der der Querschnitt des Bauteils durch ein Biegemoment M_b und eine Querkraft F_q beansprucht wird, z.B. bei Radachsen und Profilstahlträgern im Stahlhochbau.

Biegung und Torsion (bend and torsion) S. 35
Zusammengesetzte Beanspruchung, die hauptsächlich bei Wellen auftritt (Beispiel: Zahnrad-Getriebewelle).

Biegung und Zug/Druck (bend and tension / pressure) S. 33
Eine der zusammengesetzten Beanspruchungsarten, die hauptsächlich bei außermittigem Kraftangriff entsteht, z.B. wenn (im Stahlbau) die Kraft F über das am Träger angeschweißte Knotenblech eingeleitet wird.
Das innere Kräftesystem besteht dann aus dem Biegemoment M_b (erzeugt Biegespannungen σ_b) und der Normalkraft F_N (erzeugt Zugspannungen). Beide werden zur resultierenden Spannung zusammengesetzt.

Bodenkraft F_b (bottom pressure force) S. 25
Belastung der Bodenfläche A eines Flüssigkeitsbehälters durch den hydrostatischen Druck $p = \varrho\, g\, h$.
Die Flüssigkeit drückt mit der Bodenkraft $F_b = p\,A = \varrho\, g\, h\, A$ auf den waagerechten Behälterboden. F_b ist also abhängig von der Dichte ϱ der Flüssigkeit, von der Fallbeschleunigung g und von der Flüssigkeitshöhe h, nicht dagegen von der Gefäßform.

C

Culmann'sches Verfahren (Culmann's method) S. 4
Zeichnerisches Verfahren der Statik zur Ermittlung von Stützkräften und Stabkräften in Fachwerken (Vierkräfteverfahren), benannt nach dem Schweizer Statiker Karl Culmann (1821–1881).

D

Dauerfestigkeit σ_D (fatigue strength) S. 33, 39
Oberbegriff für den größten Spannungswert in N/mm^2, den ein glatter, polierter Probestab bei dynamischer Belastung „dauernd" ohne Bruch oder unzulässige Verformung aushält.
Man unterscheidet:
a) Dauerstandfestigkeit bei ruhender (statischer) Belastung (Belastungsfall I),
b) Schwellfestigkeit bei schwellender Belastung, d.h. die Belastung schwankt dauernd zwischen null und einem Höchstwert (Belastungsfall II),
c) Wechselfestigkeit bei wechselnder Belastung, d.h. die Belastung schwankt dauernd zwischen einem gleich großen positiven und negativen Höchst wert (Belastungsfall III).

Die Dauerfestigkeitswerte für dynamische Belastung werden im Dauerversuch nach DIN 50100 ermittelt (Dauerschwingversuch).

Dehnung ε (strain) S. 28
Quotient aus der Verlängerung Δl eines zugbeanspruchten (gespannten) Bauteils (Stabes) und seiner Ursprungslänge l_0 im ungespannten Zustand: $\varepsilon = \Delta l / l_0$.
Δl ist die Differenz aus der Stablänge im gespannten (l) und ungespannten (l_0) Zustand $\Delta l = l - l_0$. Als Verhältnis zweier Längen hat ε die Einheit eins.

Dichte ϱ (density) S. 17
Quotient aus der Masse m einer Materie und dem zugehörigen Volumen V: $\varrho = m/V$ in kg/m^3.

Beispiele:
ϱ_{Wasser} = 1000 kg/m^3 bei 0 °C (998 kg/m^3 bei 20 °C), ϱ_{Stahl} = 7800 kg/m^3.

Differenzbremse (difference brake) S. 11
Bauart der Bandbremse, bei der nur in einer Drehrichtung ein Bremsmoment aufgebracht wer den kann.

Drehimpuls (angular momentum) S. 51
Produkt aus dem Trägheitsmoment J eines Körpers, z.B. einer Kupplung, und seiner Winkelgeschwindigkeit ω in kgm^2/s.
Der Drehimpuls wird auch als Drall bezeichnet.

Drehmoment M (torque) S. 50
Produkt aus der Kraft F und deren Wirkabstand l von einer Bezugsachse, meistens einer Wellenachse: $M = F\,l$ in Nm.
Der Wirkabstand l wird rechtwinklig zur Kraftwirklinie gemessen. Die Kraft F ist immer eine der beiden Kräfte eines Kräftepaares. Gebräuchliche Zahlenwertgleichung: $M = 9549{,}3 \cdot P_{rot}/n$ in Nm, mit Leistung P_{rot} in kW und Drehzahl n in min^{-1}.

Drehmomentengleichgewichtsbedingung (torque equilibrium condition) S. 3
Eine der beiden Gleichgewichtsbedingungen der Statik zur Berechnung unbekannter Kräfte oder Kraftmomente. Ein am Körper wirkendes Kräftesystem ist dann im Gleichgewicht, d.h. der Körper befindet sich im Ruhezustand oder im Zustand der gleichförmig geradlinigen Bewegung, wenn die Summe aller Kräfte F und die Summe aller Kraftmomente (Drehmomente) M gleich null ist ($\Sigma F = 0$. $\Sigma M = 0$).

Drehzahl n (turning tool) S. 15
Quotient aus der Anzahl z der Umdrehungen und dem zugehörigen Zeitabschnitt Δt : $n = z / \Delta t$.
Die Anzahl Umdrehungen, z.B. 1500, hat die Einheit Eins. Also gibt man n in 1/min = min^{-1} oder in 1/s = s^{-1} an, z.B. für einen Elektromotor $n = 1460\ min^{-1}$.

Dreikräfteverfahren (threeforces-method) S. 2
Zeichnerisches Verfahren zur Ermittlung unbekannter Kräfte in ebenen Kräftesystemen.
Drei nicht parallele Kräfte sind im Gleichgewicht, wenn sich die Wirklinien der Kräfte in einem Punkt schneiden und das Krafteck sich schließt.

Druckabfall (pressure drop) S. 24
Druckverlust Δp im strömenden Fluid, z.B. in Öl, infolge der Reibungswiderstände an den Wänden der Rohrleitung. Bei geraden, horizontal liegenden, glatten Kreisrohren ist der Druckabfall Δp fast linear und proportional der mittleren Strömungsgeschwindigkeit v.

Druckausbreitungsgesetz (pressure-propagation law) S. 24
Von Blaise Pascal (1623–1662) aufgestellter Satz über die Druckverteilung in einer Flüssigkeit ohne Berücksichtigung ihrer Schwerkraft (Gewichtskraft).
Danach breitet sich der Druck, der auf irgend einen Teil einer abgesperrten Flüssigkeit ausgeübt wird, nach allen Richtungen hin gleichmäßig aus. Bei hohen Drücken braucht der Druck $p = \varrho\, g\, h$ infolge der Schwerkraft der Flüssigkeit nicht berücksichtigt zu werden.

Druckbeanspruchung (pressure loading) S. 28
Eine der 5 Grundbeanspruchungsarten aus der Festigkeitslehre, bei der durch das äußere Kräftesystem zwei benachbarte Querschnitte des beanspruchten Bauteils einander näher gebracht werden: der Stab wird verkürzt.

Druckhöhe (delivery head) S. 24
Diejenige Flüssigkeitshöhe h in m, die in einer Flüssigkeit infolge der eigenen Schwerkraft (Gewichtskraft) den Druck $p = \varrho\, g\, h$ in N/m^2 = Pa (Pascal) hervorruft.
Darin ist ϱ die Dichte in kg/m^3, g die Fallbeschleunigung in m/s^2.

Druckkraft auf gewölbte Böden (pressure force on bended bottom) S. 24
Diejenige Kraft F in N, die einen Kessel oder ein Rohr (Durchmesser d und Länge l) infolge des herrschenden Innendrucks p in N/m^2 auseinanderreißen kann: $F = p\, d\, l$.

Durchbiegungsgleichung (load-deflection bending) S. 38
Ergebnis der mathematischen Untersuchung der elastischen Verformung eines Biegeträgers.
Die mathematische Entwicklung führt zur Differentialgleichung der elastischen Linie $w''(x) = -\, M_b(x) / E\, I$ mit Biegemoment M_b in Nmm, Elastizitätsmodul E in N/mm^2 und Flächenmoment 2. Grades I = konstant in mm^4. $w(x)$ ist die Durchbiegung an der Trägerstelle x, w'' die zweite Ableitung der Funktion $w(x)$.
Mit dieser Differentialgleichung der elastischen Linie wurden die Durchbiegungsgleichungen für technisch wichtige Belastungsfälle an Biegeträgern hergeleitet.
Spezielle Durchbiegungsgleichungen für Belastungsfälle stehen in Formelsammlungen zur Technischen Mechanik.

Dynamisches Grundgesetz (dynamic basic law) S. 17
Zweites Newtonsches Axiom, wonach die auf einen Körper der Masse m einwirkende resultierende Kraft F_{res} gleich dem Produkt aus Masse m und Beschleunigung (Verzögerung) a des Körpers ist.

E

Eingriffslinie (action line) S. 15
Teilstrecke der Tangente an die Grundkreise zweier Zahnräder.
Die Eingriffslinie ist der geometrische Ort aller Punkte während des Eingriffs beider Zahnflanken (Eingriffspunkte). Sie ist zugleich die Wirklinie der von Rad zu Rad

übertragenen Zahnnormalkraft F_N. Diese mit dem Grundkreisradius r_b multipliziert ergibt das zwischen den Zahnrädern übertragene Drehmoment.

Einwertiges Lager (single-valued bearing) S. 2
Bauart einer Lagerung, die nur eine rechtwinklig zur Stützfläche wirkende Kraft F_N (Normalkraft) aufnehmen kann, jedoch kein Kraftmoment.
Diese Lagerart wird verwendet, um die Wärmeausdehnung nicht zu behindern, z.B. an Brückenträgern und Wellen (Loslager).

Elastische Verformung (elastic deformation) S. 28
Diejenige Formänderung, die nach Wegnahme der äußeren Kräfte und Kraftmomente keine bleibende Verformung des Bauteils hinterlässt.
Beispiel: Der bei Belastung durchgebogene Träger erhält wieder seine ursprüngliche Form. Grund: Die bei der Verformung auftretende Höchstspannung in allen Querschnitten des Bauteils war kleiner als die Dehngrenze des Werkstoffs.

Elastizitätsmodul *E* (elastic modulus) S. 28
Durch Dehnversuche an Probestäben ermittelte Werkstoffkonstante.
Zugversuche mit Probestäben (z.B. nach DIN 50145) zeigen, dass bei vielen Werkstoffen die Dehnung ε mit der Spannung σ im gleichen Verhältnis (proportional) wächst, z.B. bleibt für Stahl in den für die Praxis wichtigen Spannungsgrenzen das Verhältnis σ / ε konstant. Das Verhältnis ist der Elastizitätsmodul (kurz: E-Modul).
Beispiel: $E_{stahl} = 210\,000$ N/mm^2 = 2,1 · 105 N/mm^2.

Energie *E* (energy) S. 50
Fähigkeit der Körper, die vorher an ihm aufgebrachte Arbeit wieder abzugeben (Energie gleich Arbeitsfähigkeit).
Beispiel: Der herabfallende Bär eines Fallhammers verformt das Schmiedestück, verrichtet also Verformungsarbeit (Formänderungsarbeit). In seiner oberen Ruhelage hatte der Bär (potentielle) Energie, also gespeicherte Arbeitsfähigkeit.

Energieerhaltungssatz (energy theorem) S. 19, 26
Seit über 100 Jahren bekannter und immer wieder bestätigter Erfahrungssatz, nach dem die Summe aller im Universum vorhandenen Energien erhalten (konstant) bleibt.
Energie kann weder aus nichts gewonnen werden noch geht sie verloren, sie kann nur umgewandelt werden.

Energieerhaltungssatz für technische Vorgänge (energy theorem for mechanisms) S. 19
Zweckmäßige Systemvorstellung des allgemeinen Energieerhaltungssatzes für spezielle technische Abläufe.
Technische Vorgänge, wie z.B. das Abbremsen eines Fahrzeugs, stellt man sich in einem abgeschlossenen System ablaufend vor. Das System ist dann von äußeren Kräften (Einflüssen) frei und es gilt: Die Energie E_E am Ende eines Vorgangs ist gleich der Energie E_A am Anfang des Vorgangs, vermehrt um die während des Vorgangs zugeführte Arbeit W_{zu} und vermindert um die während des Vorgangs abgeführte Arbeit W_{ab}.

Ersatzkraft (resultant force) S. 1
Bezeichnung der Resultierenden F_r, mit der deutlich gemacht werden soll, dass die resultierende Kraft die gleiche Wirkung auf den Körper hat wie das gesamte Kräftesystem.

F

Fachwerk (framework) S. 4
Tragkonstruktion aus Profilstäben, die Massivträger bei geringerem Werkstoffaufwand ersetzt.
Die Profilstäbe werden als Zweigelenkstäbe angesehen und über Knotenbleche miteinander verbunden (genietet, geschraubt oder geschweißt). Als Zweigelenkstäbe können sie nur Zug- oder Druckkräfte aufnehmen („Zugstäbe", „Druckstäbe"). Einfachstes Fachwerk ist der Dreiecksverband mit 3 „Stäben" und 3 „Knoten". Das Dreieck ist die einfachste „starre" Figur, deshalb schließt man weitere Stäbe in gleicher Weise an.

Fahrwerkbremse (undercarriage wheel brake) S. 11
Bremse, z.B. Backenbremse, bei der die Bremswirkung in beiden Drehrichtungen gleich groß ist.
Das wird bei der Backenbremse erreicht, wenn der Drehpunkt *D* des Bremshebels tangential zur Bremsscheibe liegt (auf der Wirklinie der tangential an der Bremsscheibe angreifenden Reibungskraft F_R). Dadurch sind Bremskraft $F = F_N\, l_1 / l$ und Bremsmoment $M = F\, l\, \mu\, r / l_1$ in beiden Drehrichtungen gleich groß.

Fahrwiderstand F_w (resistance to vehicular motion) S. 12
Kraft, die zum Fortbewegen eines Fahrzeugs auf ebener Bahn mit konstanter Geschwindigkeit erforderlich ist, um den Rollwiderstand an den Rädern und den Reibungswiderstand in den Lagern zu überwinden. Berechnung mit der Fahrwiderstandszahl μ_f.

Fallbeschleunigung *g* (gravitational acceleration) S. 13
Geschwindigkeitszunahme eines frei fallenden Körpers ohne Berücksichtigung des Luftwiderstands.
In der Technik wird mit g = 9,81 m/s^2 gerechnet. Die Normfallbeschleunigung g_n ist international festgelegt mit g_n = 9,80665 m/s^2, gilt annähernd für 45° geographischer Breite und Meeresspiegelhöhe.
Allgemein gilt:
$g = 980{,}632 - 2{,}586 \cos 2\varphi + 0{,}003 \cos 4\varphi - 0{,}293\, h$, mit g in cm/s^2 (φ geographische Breite, h Höhe über dem Meeresspiegel in km).

Federarbeit W_f (spring work) S. 17, 19
An einer Feder beim Spannen aufgebrachte mechanische Arbeit (Formänderungsarbeit). Sie entspricht dem Flächeninhalt A unter der Kennlinie im Federkraft-Federweg-Diagramm (F,s-Diagramm).
Steht z.B. eine Schraubenzugfeder unter der Vorspannkraft F_1 und soll sie um den Federweg Δs weiter gedehnt werden, ist dazu eine stetig wachsende Kraft aufzubringen, die bis auf F_2 ansteigt. Der Graph $F(s)$ heißt Federkennlinie, sie ist bei vielen Federn eine Gerade (lineare Kennlinie).

Federrate *R* (spring rate) S. 17
Mechanische Kenngröße einer Feder.
R gibt an, welche Federkraft F in N oder welches Drehmoment in Nm erforderlich ist, um bei einer bestimmten Feder einen Federweg f von 1 mm (z.B. Schraubenzugfeder) oder Verdrehwinkel φ von 1° (z.B. Spiralfeder oder Torsionsstabfeder) zu erreichen.

Festigkeit (strength) S. 28-46
Oberbegriff in der Festigkeitslehre für diejenige mechanische (Gegensatz: elektrische) Spannung in N/mm^2, die ein Probestab bei bestimmten Formen der Beanspruchung (z.B. Biegung oder Zug) erträgt, bevor er zu Bruch geht oder sich unzulässig verformt.

Festigkeitslehre (strength theory) S. 28-46
Lehre von den inneren Kräfte- und Spannungssystemen, die durch die äußeren Belastungen aller Art hervorgerufen werden.
Für die Konstruktions- und Entwurfspraxis stellt die Festigkeitslehre Gleichungen zur Verfügung, mit deren Hilfe für technische Bauteile (Achsen, Wellen, Träger usw.)
a) der erforderliche Querschnitt,
b) die maximal zulässige Belastung,
c) die vorhandene Spannung und
d) die Verformung des Bauteils ermittelt werden können.

Flächenmoment *I* (areal moment) S. 29
Mathematische (geometrische) Größe, die sich bei der Herleitung der Biege- und Torsionshauptgleichung ergibt (genauere Bezeichnung: Flächenmoment 2. Grades).
Man unterscheidet axiale Flächenmomente I_a (für Biege- und Knickungsberechnungen) und polare Flächenmomente I_p (für Torsionsberechnungen). Für technisch wichtige Querschnittsformen wurden Berechnungsgleichungen entwickelt und in Tabellen zusammengestellt.
Beispiel: Beim Kreisquerschnitt gilt für das axiale Flächenmoment $I_a = \pi\, d^4 / 64$ (S. 35).

Flächenpressung *p* (pressure intensity) S. 28
Beanspruchung in den Berührungsflächen (Oberflächen) zweier gegeneinander gedrückter Bauteile.

Flächenschwerpunkt (centroid of an area) S. 5
Derjenige Punkt S auf der Schwerebene eines Bleches, in dem das abgestützte oder aufgehängte Blech in jeder beliebigen Lage in Ruhestellung bleibt.
Die Lage von S berechnet man mit dem Momentensatz für Flächen.

Fluid (fluid) S. 24
Übergeordnete Bezeichnung für Flüssigkeiten, Gase und Dämpfe.
Die Gesetze der der Fluidmechanik (Strömungsmechanik) wie Kontinuitätsgleichung und Bernoulligleichung gelten nicht nur für Flüssigkeiten, sondern auch für Gase und Dämpfe, wenn ihre Strömungsgeschwindigkeit unter 100 m/s liegt.

Flüssigkeit (liquid) S. 24
Fluid, das sich vom festen Körper durch leichte Verschiebbarkeit der Teilchen unterscheidet (widerstandslose Formänderung) und großen Widerstand gegen Volumenänderung besitzt.
Flüssigkeiten sind Energieträger z.B. in hydraulischen Getrieben mit den hydraulischen Elementen Pumpe, Motor und Leitung.

Formänderung (deformation)) S. 28
Begriff aus der Festigkeitslehre für die, je nach Beanspruchungsart (Zug, Druck, Biegung, Abscheren, Torsion) auftretende elastische Verformung eines Bauteils.

Freier Fall (free fall) S. 13
Durch die Erdanziehung gleichmäßig beschleunigte Bewegung eines frei fallenden Körpers.
Im luftleeren Raum, z.B. in einer luftleer gepumpten Glasröhre, fallen alle Körper gleich schnell mit der Fallbeschleunigung g. Bei Berechnungen muss festgelegt werden, ob der Luftwiderstand F_w berücksichtigt werden soll.

Freimachen, Freischneiden S. 1
Verfahren der Statik, mit dem sichergestellt werden soll, dass tatsächlich alle am Bauteil angreifenden Kräfte (äußere Kräfte) in die Untersuchung einbezogen werden.
Zum Freimachen oder Freischneiden nimmt man die Nachbarbauteile Stück für Stück weg und bringt dafür diejenigen Kräfte an, die vom weggenommenen auf das freizumachende Bauteil wirken.

Freiträger (semi-beam) S. 34
Bezeichnung aus der Statik für alle Maschinenelemente oder sonstige Bauteile, die einseitig gelagert sind, z.B. die Pedalachse am Fahrrad.

Glossar

G

Geschwindigkeitsdruck q (dynamic pressure) S. 26
Der vom Quadrat der Strömungsgeschwindigkeit v abhängige Teil $q = \varrho\, v^2/2$ des Gesamtdrucks in einem strömendem Fluid (kinetischer Druck, auch Staudruck genannt).

Gewindereibmoment M_{RG} (thread friction torque) S. 10
Beim Anziehen einer Schraubenverbindung in den Gewindegängen zwischen Bolzen- und Muttergewinde auftretendes Reibungsmoment M_{RG} in Nm, mit Schraubenlängskraft F in N, Gewindeflankenradius r_2 in m, Gewindesteigungswinkel α in Grad und Gewindereibungswinkel ϱ' in Grad, r_2 und α aus der Gewindetabelle, $\varrho' = \arctan \mu'$ mit Gewindereibungszahl μ' (z.B. $\mu' = 0{,}1$ für metrisches Spitzgewinde, leicht geölt).

Gleichgewichtsbedingungen (equilibrium conditions) S. 1-12
Rechenregeln der Statik zur Ermittlung unbekannter Kräfte F oder/und Kraftmomente (Drehmomente) M an Bauteilen, die sich im Gleichgewichtszustand befinden sollen, exakt gültig nur für sogenannte starre Körper.

Gleichgewichtszustände (equilibrium states) S. 3
Der Zustand eines Körpers, in dem keine resultierende Kraft auf ihn einwirkt ($\Sigma F = 0$ oder $F_{res} = 0$).
In diesem Zustand ist der Körper entweder in Ruhe oder in gleichförmig geradliniger Bewegung. Beide Zustände sind gleichwertig.

Gleitreibungskraft F_R (sliding friction force) S. 7
Tangential zwischen zwei gegeneinander bewegten Körpern auftretende Widerstandskraft.
F_R ist abhängig von der Normalkraft F_N zwischen beiden Körpern und der Gleitreibungszahl μ der Stoffpaarung: Sie versucht den schnelleren Körper zu verzögern, den langsameren (oder still stehenden) zu beschleunigen. Ruhen beide Körper, bestimmt der zu erwartende Bewegungszustand den Richtungssinn der Reibungskraft.

Guldin'sche Regeln (Guldin's rules) S. 6
Von Paul Guldin (1577–1643) aufgestellte Gleichungen zur Volumen- und Oberflächenberechnung von Rotationskörpern.

H

Haftreibungskraft F_{R0} (static friction force) S. 7
Tangential zwischen zwei ruhenden Körpern wirkende größte Widerstandskraft, die bei dem Versuch auftritt, den einen Körper gegenüber dem anderen zu verschieben.

Haftreibung (static friction) S. 7
Widerstand gegenüber der Relativbewegung zwischen zwei aneinandergepressten festen Körpern.

Halslager (collar bearing)) S. 2
Spezielles einwertiges Lager, das zusammen mit einem Spurlager verwendet wird.
Beispiel: Lagerung einer Tür mit einwertigem Hals- und zweiwertigem Spurlager.

Höhenenergie (vertical energy) S. 19
Durch Heben um die Höhe h einem Körper der Masse m vermittelte Energie E.

Hooke'sches Gesetz (Hooke's law) S. 28
Von dem englischen Physiker Robert Hooke (1635–1703) entwickelte Beziehung zwischen der mechanischen Spannung σ und der dadurch auftretenden Dehnung ε eines zugbeanspruchten metallischen Stabes: $\sigma = \varepsilon\, E$ (E = Elastizitätsmodul des Werkstoffs).

Hubarbeit W_h (lift work) S. 17
Von Kranen oder anderen Senkrechtförderern aufgebrachte Arbeit, um Lasten der Masse m in kg von der Höhe h_1 auf die Höhe h_2 in m zu heben.

Hydraulischer Hebebock (hydraulic lifting jack) S. 24
Mit Wasser gefülltes Gefäß, an dem zwei Zylinder von unterschiedlichen Durchmessern angeschlossen sind, in denen Kolben gleiten.
Hat der Triebkolben den kleineren Durchmesser, lassen sich mit kleiner Triebkraft größere Lasten heben. Es gilt das Druckausbreitungsgesetz. Die Kolbenkräfte verhalten sich zueinander wie die Kolbenflächen, die Kolbenwege verhalten sich umgekehrt zueinander wie die Quadrate der Kolbendurchmesser.

Hydrostatischer Druck p (hydraulic pressure) S. 24
Quotient der im Inneren oder von außen auf das Fluid wirkenden Kraft F und der gepressten Fläche A: in N/m^2 oder N/cm^2.
Der hydrostatische Druck wird auch kurz mit Druck p bezeichnet. Er entspricht in der Festigkeitslehre der Druckspannung σ_d in N/mm^2. Das Newton je Quadratmeter (N/m^2) hat den Einheitennamen Pascal mit dem Kurzzeichen Pa: 1 Pa = 1 N/m^2 nach Blaise Pascal, 1623–1662.

I

Impulserhaltungssatz (conservation of momentum) S. 26
In einem abgeschlossenen System bleibt die vektorielle Summe aller Einzelimpulse konstant: $p = \Sigma m_i\, v_i$ = konstant.
Physikalischer Satz von grundlegender Bedeutung wie der Energieerhaltungssatz.
Für die Drehung gilt analog: $p = \Sigma J_i\, \omega_i$ = konstant, mit J = Trägheitsmoment und ω = Winkelgeschwindigkeit.

Innere Kräfte (inner forces) S. 28
Werden von den äußeren Kräften im Inneren eines Bauteils (Werkstücks) hervorgerufen und wirken dort seiner Verformung entgegen.

Zur fehlerfreien Dimensionierung des Bauteils (Festigkeitsrechnungen) muss das gesamte innere Kräftesystem bekannt sein.

Inneres Kräftesystem (system of inner forces) S. 28
Diejenigen Kräfte F und Kraftmomente M, die von zwei benachbarten Querschnitten eines Bauteils übertragen werden können.
Ein vollständiges inneres Kräftesystem besteht aus:
a) einer rechtwinklig zur Schnittfläche wirkenden Normalkraft F_N, die Normalspannungen σ erzeugt;
b) einer in der Schnittfläche wirkenden Querkraft F_q, die Schubspannungen τ erzeugt;
c) einem rechtwinklig zur Schnittfläche wirkenden Biegemoment M_b, das Biegespannungen σ_b erzeugt (Normalspannungen);
d) einem in der Schnittfläche wirkenden Torsionsmoment M_T, das Torsionsspannungen τ erzeugt (Schubspannungen).

J

Joule *J* (joule) S. 50
Gesetzliche und internationale Einheit (SI-Einheit) der Energie und der Arbeit ist das Joule (J), benannt nach dem Physiker J. P. Joule (1818–1889).

K

Kerbquerschnitt (notch cross-section) S. 33
Durch schroffe Querschnittsänderung (Kerben) wie Bohrungen, Naben, Wellenabsätze, Keilnuten geschwächter Bauteilquerschnitt.

Kinetik (kinetics) S. 19
Die Kinetik befasst sich mit den Bewegungen der Körper ($v \neq 0$) unter dem Einfluss von Kräften.
Beispiel: Beim lotrecht fallenden Körper unter Berücksichtigung des Luftwiderstands muss der Einfluss der Schwerkraft (Gewichtskraft F_G) und der die Bewegung bremsenden Widerstandskraft durch die Luft in die Untersuchung der Bewegung einbezogen werden.
Die „reine" Bewegungslehre (ohne Berücksichtigung der einwirkenden Kräfte) ist die Kinematik (von griech. bewegen).
Beispiel: Man untersucht und beschreibt geometrisch-mathematisch die Bewegungsbahn eines einzelnen Punktes am Umfang eines rollenden Rades.

Klemmbedingung (clamping condition) S. 9
Geometrische Voraussetzung für Führungen an beweglichen Maschinenteilen, die entweder reibungsarm gleiten (Pressenstößel, Ziehschlitten) oder ungeklemmt sicheren Halt gewährleisten sollen (Bohrmaschinentische).

Knickstäbe (Eulerian columns) S. 31
Im Hoch-, Kran- und Brückenbau und in Fachwerken auf Druck (Knickung) beanspruchte Bauteile (Stützen).
Günstig gegenüber Knicken sind alle Querschnitte, deren Trägheitsradien i für alle Knickachsen gleich groß sind, am besten beim Rohrquerschnitt verwirklicht. Zur Sicherheit gegen Ausbeulen soll die Wanddicke $\delta \geq D/10$ sein.

Knickung (buckling) S. 30
Bei Druckbeanspruchung schlanker Stäbe (Kolbenstangen, Säulen, Stößel, Lochstempel usw.) auftretender Sonderfall, bei dem das Bauteil plötzlich seitlich „ausknickt".
Dies geschieht, obwohl der Stab genau in Richtung seiner Achse gedrückt wird und die Druckspannung σ_d unterhalb der Proportionalitätsgrenze liegt. Knickung ist daher kein Spannungs- sondern ein Stabilitätsproblem. Man unterscheidet:
a) elastische Knickung, für die der Mathematiker und Physiker Leonhard Euler (1707–1783) eine Gleichung entwickelt hat (Eulergleichung oder Eulersche Knickungsgleichung)
b) unelastische Knickung, für die Tetmajer besondere Gleichungen entwickelt hat.

Kommunizierende Röhren (communication tubes) S. 25
Röhrensystem von zwei oder mehr oben offenen Röhrenschenkeln, die unten miteinander verbunden sind. Enthält das System nur eine Flüssigkeit, steht sie in allen Schenkeln gleich hoch ($h_1 = h_2$ bei zwei Schenkeln), unabhängig von Form und Größe der Schenkel. Der Flüssigkeitsspiegel steht immer waagerecht. Enthält das System zwei Flüssigkeiten unterschiedlicher Dichte $\varrho_1 \neq \varrho_2$, steht bei Gleichgewicht die leichtere Flüssigkeit in einem Schenkel höher als die schwerere im anderen: $h_1/h_2 = \varrho_2/\varrho_1$. Die Flüssigkeitshöhen h über der Trennebene verhalten sich umgekehrt zueinander wie die Dichten. Damit kann die unbekannte Dichte einer Flüssigkeit berechnet werden, wenn die zweite Dichte bekannt ist (z.B. bei Öl und Wasser).

Konsolträger (console beam)) S. 38
Einseitig angeschweißtes, angeschraubtes oder angenietetes Tragteil aus Profilstahl oder Blech, das zur Werkstoffersparnis meistens angeformt ist.

Kontinuitätsgleichung (continuity equation) S. 27
Gesetzmäßigkeit, nach der durch unterschiedliche Querschnitte A_1, A_2 einer Leitung in der Zeiteinheit (z.B. 1 s) das gleiche Fluidvolumen fließen muss.

Kontraktion (contraction) S. 27
Einschnürung eines Fluidstrahls durch Umlenkung der Stromfäden infolge einer Querschnittsverengung.
Der Strahlquerschnitt ist dann nicht A, sondern αA, mit der Kontraktionszahl $\alpha < 1$.

Glossar

Kräftepaar (force couple) S. 2
In der Statik Bezeichnung für zwei gleichgroße, gegensinnig wirkende Kräfte auf parallelen Wirklinien mit dem Wirkabstand *l* (rechtwinklig zu den Wirklinien gemessen). Das Kräftepaar erzeugt ein Drehmoment *M*, die Resultierende F_r beider Kräfte ist gleich null.

Kraftmoment *M* (moment of force) S. 2
In der Statik die Bezeichnung für das Produkt aus einer Einzelkraft *F* und ihrem Wirkabstand *l* von einer Bezugsachse: $M = F\,l$ in Nm.
Wirkabstand heißt: rechtwinklig zur Wirklinie gemessen. Bewirkt das Kraftmoment eine Drehbewegung, nennt man es Drehmoment. Wirkt das Kraftmoment biegend auf einen Körper, heißt es in der Festigkeitslehre Biegemoment M_b, wirkt es tordierend (verdrehend), nennt man es Dreh- oder Torsionsmoment M_T. Der Drehsinn des Kraft-(Dreh)moments wird durch das Vorzeichen angegeben: (+) = Linksdrehsinn, (–) = Rechtsdrehsinn (im Uhrzeigerdrehsinn).

Kraftstoß (force collision) S. 17
Produkt aus der auf einen Körper einwirkenden resultierenden Kraft und dem zugehörigen Zeitabschnitt: in Ns.
Der Kraftstoß ist gleich der Änderung des Impulses während des betrachteten Zeitabschnitts.

Kreisbewegung (circular motion) S. 14
Ortsveränderung eines Punktes auf einer Kreisbahn, meist betrachtet bei der Drehung eines Körpers (Welle, Zahnrad, Schleifscheibe).
Die dabei wichtigen Größen heißen Kreisgrößen. Kennt man die Gesetze der geradlinigen Bewegung (Translation), lassen sich durch Analogiebetrachtungen die Gesetze der Kreisbewegung (Rotation) leicht erkennen.
Beispiel: Der Geschwindigkeit $v = \Delta s / \Delta t$ bei der Translation entspricht die Winkelgeschwindigkeit $\omega = \Delta\varphi / \Delta t$ bei der Rotation.

L

Längenausdehnungskoefizient α_l (coefficient of linear expansion) S. 28
Verlängerung eines metallischen Stabes in m je m Länge und 1 K (1 °C = 1 K).
Beispiel: Für Stahl ist $\alpha_l = 12 \cdot 10^{-6}$ 1/K, d.h., ein Stahlstab von 1 m Länge verlängert sich bei Erwärmung um 1 K = 1 °C um $12 \cdot 10^{-6}$ m = 0,012 mm.

Längsverschiebungssatz (rule of longitudinal traverse) S. 2
Eine der statischen Grundoperationen, nach der Kräfte auf ihrer Wirklinie verschoben werden dürfen.

Lastfall (loading case) S. 42
Vorgeschriebene Bezeichnung der Belastungsannahmen (Kräfte, die von außen auf ein Stahlbausystem einwirken) für Festigkeitsrechnungen von Stahlbauten (Hochbau, Brückenbau, Kranbau), z.B. Lastfall H für Hauptlasten, Lastfall Z für Zusatzlasten, Lastfall S für Sonderlasten.
Hauptlasten (H) sind z.B. Eigenlast, Verkehrslast, Schneelast, Massenkräfte. Zusatzlasten (Z) sind z.B. Windlast und Wärmeeinwirkungen. Sonderlasten (S) sind z.B. unvorhersehbarer Anprall (Stoß) und Einwirkungen von Baugrundbewegungen.

Lineare Spannungsverteilung (linear stress distribution) S. 29
Die bei Biegung und Torsion auftretende Spannungsverteilung über dem Querschnitt des belasteten Bauteils.
Die Spannung σ (bei Biegung) und τ (bei Torsion) ist in der Querschnittsmitte gleich null (neutrale Faser) und wächst bis zu den Randfasern gleichmäßig (linear) bis auf σ_{max} bzw. τ_{max}.

Linienschwerpunkt (centroid of a line) S. 6
Derjenige Punkt S auf der Schwerlinie eines Liniengebildes, in dem der abgestützte oder aufgehängte Stab in jeder beliebigen Lage in Ruhestellung bleibt.

Lochleibungsdruck σ_l S. 28 (bearing pressure of projected area)
Flächenpressung am Nietschaft: $\sigma_l = F / (n\,d_1\,s)$ in N/mm².
F aufzunehmende Kraft in N, *n* Anzahl der Niete, $d_1\,s$ ist die projizierte Schaftfläche eines Nietes.

M

Momentengleichgewichtsbedingung (moment equilibrium condition) S. 3
Gleichungsansatz für ein Kräftesystem, das auch bezüglich einer Drehung um eine beliebige Achse im Gleichgewicht sein soll (Ruhezustand oder gleichförmig geradlinige Bewegung).

Momentensatz (theorem of moments) S. 2, 5
In der Statik Gleichung zur Berechnung der Lage (l_0) der Resultierenden F_r eines Kräftesystems.
Das Kraftmoment M_r der Resultierenden F_r, bezogen auf einen beliebigen Punkt D, ist gleich der Summe der Kraftmomente der Einzelkräfte *F* in Bezug auf denselben Punkt.

Momentenstoß (moment impact) S. 51
Produkt aus dem resultierenden Moment M_{res} und dem zugehörigen Zeitabschnitt Δt: $M_{res}\,\Delta t$ in Nms.
Der Momentenstoß ist gleich der Änderung des Drehimpulses während des betrachteten Zeitabschnitts.

N

Nietverbindung (rivet joint) S. 28, 41
Unlösbare Verbindung von Bauteilen aus beliebigen Werkstoffen.
Man unterscheidet je nach Verwendungsart feste Verbindungen (Stahlbau), feste und dichte Verbindungen (Kesselbau) und dichte Verbindungen (Behälterbau).

Normalkraft F_N (normal force) S. 9
Rechtwinklig auf der Querschnittsfläche stehende innere Kraft eines beanspruchten Bauteils, die Normalspannungen σ hervorruft, oder rechtwinklig auf einer Stützfläche stehende äußere Kraft oder Kraftkomponente.
Dagegen liegt die Querkraft F_q in der Querschnittsfläche und verursacht Schubspannungen τ.

Nullstab (zero-member) S. 4
In einem Dreiecksverband der Fachwerkstab, der keine Belastung trägt.
Solche Stäbe sollen die Knickgefahr langer Druckstäbe verringern. Sie nehmen erst durch elastische Verformung belasteter Stäbe Kräfte auf.

O

Omegaverfahren (omega-traverse) S. 30
Behördlich vorgeschriebenes Rechenverfahren (ω-Verfahren) zur knicksicheren Ausbildung der Druckstäbe im Hoch-, Kran- und Brückenbau.
Direkte Querschnittsbestimmung ist mit dem ω-Verfahren nicht möglich, weil λ bekannt sein muss, um die Knickzahl ω aus der Tabelle ablesen zu können. Man nimmt daher versuchsweise einen Querschnitt an, z.B. aus der Profilstahltabelle, bestimmt daraus i (Trägheitsradius), S (Querschnitt), I (axiales Flächenmoment) und λ (Schlankheitsgrad), liest ω aus der Knickzahltabelle ab und prüft, ob $\sigma_\omega = F\ \omega / S \leq \sigma_{zul}$ ist. Wird diese Bedingung nicht erfüllt, muss die Rechnung mit anderen Annahmen wiederholt werden.

P

Parallelverschiebesatz (parallel displacement principle) S. 1
Eine der statischen Grundoperationen, nach der eine Kraft F auf eine parallele Wirklinie mit dem Wirkabstand l verschoben werden darf, wenn ein Kraftmoment $M = F\ l$ hinzugefügt wird.

Prismenführung (inverted vee guide) S. 9
Dient der Belastungsaufnahme und Führung des Bettschlitten von Werkzeugmaschinen. Bei der unsymmetrischen Prismenführung gilt für die Verschiebekraft $F_V = F(\mu_1 \cos \alpha_2 + \mu_2 \cos \alpha_1) / \sin(\alpha_1 + \alpha_2)$. Die symmetrische Prismenführung ist ein Sonderfall (Keilführung) mit $\alpha_1 = \alpha_2$ und $\mu_1 = \mu_2$.
Es gilt dann: Keilreibungszahl $\mu' = \mu / \sin \alpha$ mit Keilwinkel 2α und Keilreibungskraft $F_R = F_V = F\mu'$. Wegen $\mu' > \mu$ übertragen Keilnuten größere Reibungskräfte als Ebenen, daher können Keilriemen größere Drehmomente übertragen als Flachriemen.

Q

Querkraftverlauf (transverse force behaviour) S. 34
Zeichnerische Darstellung der Veränderung der Querkraft F_q in Abhängigkeit von der Trägerlänge x in einem F_q-x-Diagramm.

R

Radialkraft F_r (radial force) S. 19
Die in Richtung des Radius zum Mittelpunkt eines zylinderförmigen Körpers (Welle, Zahnrad, Walze) wirkende Kraft oder Kraftkomponente.

Reibungsleistung P_R (friction power) S. 10
Produkt aus Reibungskraft F_R und Geschwindigkeit v: $P_R = F_R\ v$ (bei Translation) oder Produkt aus Reibungsmoment M_R und Winkelgeschwindigkeit ω: $P_R = M_R\ \omega$ (bei Rotation) oder Quotient aus Reibungssarbeit W_R und zugehörigem Zeitabschnitt Δt:
$P_R = W_R / \Delta t$.

Reibungskegel (friction cone) S. 9
Mit bekanntem Reibungswinkel $\varrho_0 = \arctan \mu_0$ gezeichneter Kegelmantel zur zeichnerischen Lösung von Reibungsaufgaben. Der skizzierte Körper bleibt solange in Ruhe, wie die Resultierende Fr aller äußeren Kräfte innerhalb des Reibungskegels liegt. Jede Mantellinie des Reibungskegels ist eine Wirklinie der aus Haftreibungskraft $F_{R0\,max}$ und Normalkraft F_N (hier $F_G = F_N$) zusammengesetzten Ersatzkraft F_e.

Reibungswinkel ϱ (angle of friction) S. 7
Winkel im Kräfteplan zwischen Normalkraft F_N und der aus Gewichtskraft F_G und Verschiebekraft F gebildeten Ersatzkraft F_e.

Reibungszahl μ (friction coefficient) S. 7
Durch Versuche ermittelte Reibungswinkel ϱ und ϱ_0 ergeben die Reibungszahl $\mu = \tan \varrho$ und $\mu_0 = \tan \varrho_0$ für verschiedene Werkstoffpaarungen. Die Ergebnisse sind Mittelwerte aus mehreren Versuchen.

Reißlänge l_r (tearing length) S. 28
Länge, bei der ein frei hängendes Seil allein unter seiner Eigengewichtskraft reißt.
Mit Zugfestigkeit R_m in N/mm^2, Werkstoffdichte ϱ in kg/m^3 und Fallbeschleunigung g in m/s^2 berechnet man l_r

in km mit der Zahlenwertgleichung $l_r = 10^3 R_m/(\varrho g)$. Die Gleichung zeigt, dass l_r nicht von Form und Größe des Stabquerschnitts abhängt.
l_r kann also nicht durch Vergrößerung des Seildurchmessers erhöht werden, weil sich dadurch auch die Eigengewichtskraft erhöht. Reißlängen einiger Werkstoffe:
Für S235JR (Baustahl) mit Zugfestigkeit $R_m = 360$ N/mm² und Dichte $\varrho = 7850$ kg/m³ ist $l_r = 4{,}713$ km; für Federstahl mit $R_m = 1800$ N/mm² ist $l_r = 22{,}93$ km.

Richtungswinkel α (directional angle) S. 1
Der Winkel, den die Wirklinie einer Kraft mit der positiven x-Achse eines rechtwinkligen Achsenkreuzes einschließt: $0 \le \alpha \le 360°$.

Rollbedingung (rolling condition) S. 12
Die zum Rollen eines Rades erforderliche Bedingung, die ein Gleiten verhindert.
Damit sich die Räder eines Fahrzeugs auf seiner Unterlage drehen, muss die Haftreibungskraft $F_{R0\,max}$ größer sein als der Fahrwiderstand F_w. Daraus ergibt sich die Rollbedingung $\mu_0 \ge \mu_f$. Bei $\mu_0 \le \mu_f$ gleiten die Räder auf der Fahrbahn (μ_0 = Haftreibungszahl, μ_f = Fahrwiderstandszahl).

Rollenzug (set of pulleys) S. 12
Kombination fester und loser Rollen als Übersetzungsmittel zwischen einer zu hebenden Gewichtskraft F_G (Last) und der dazu erforderlichen Zugkraft F.

Rollwiderstand (rolling resistance) S. 12
Das durch geringfügige elastische Formänderung (Eindrücken) fortwährend ablaufende „Kippen" um eine Kippachse (D), das zum Rollvorgang führt.

Rotationsarbeit Wrot (rotary work) S. 19
Produkt aus dem an einer Kurbelwelle wirkenden Drehmoment M und dem beim Drehen von der Kurbel überstrichenen Drehwinkel φ: $W_{rot} = M\,\varphi$ in J.

Rotationsleistung Prot (rotary power) S. 19
Produkt aus dem an einer Kurbelwelle wirkenden Drehmoment M und der Winkelgeschwindigkeit ω, mit der die Kurbelwelle umläuft.

S

Schräger Wurf (inclined throw) S. 15
Bewegungsablauf eines mit der Abwurfgeschwindigkeit v_0 unter dem Abwurfwinkel α_0 schräg nach oben oder unten abgestoßenen Körpers ohne Berücksichtigung des Luftwiderstands.
Bewegungsanalyse nach dem Überlagerungsprinzip.

Schubmodul G (shear modulus) S. 28, 39
Durch Schubversuche an Probestäben der meisten Werkstoffe ermittelte Werkstoffkonstante, früher mit Gleitmodul bezeichnet.
Beispiel: $G_{Stahl} = 80000$ N/mm² $= 8 \cdot 10^4$ N/mm².

Schwerpunkt S (centre of mass) S. 5
Derjenige körperfeste Punkt, in dem der Körper – abgestützt oder aufgehängt – in jeder beliebigen Lage in Ruhe bleibt (sich im Gleichgewicht befindet). Für kompliziert aufgebaute technische Körpersysteme, z.B. eine Werkzeugmaschine, wird die Lage von S durch Versuche ermittelt. Für einfachere Bauteile, z.B. ebene Blechteile, benutzt man den Momentensatz für zwei rechtwinklig zueinander stehende Lagen.

Schwimmen (floating) S. 25
Zustand eines Körpers in einer Flüssigkeit, bei dem die Auftriebskraft $F_a = V\,g\,\varrho$, d.h. die Gewichtskraft der verdrängten Flüssigkeit gleich der Gewichtskraft F_G des eingetauchten Körpers ist ($F_a = F_G$).

Seilreibung (string friction) S. 10
Widerstand, der beim Ziehen eines Seils über einen walzenförmigen Körper überwunden werden muss.
Die Seilzugkraft F_1 wächst nach Euler und Eytelwein linear mit der am anderen Seilende wirkenden Zugkraft F_2 und exponential (e-Funktion) mit dem Produkt aus Reibzahl μ und Umschlingungswinkel α: $F_1 = F_2\,e^{\mu\alpha}$.

Seitenkraft F_s (side force) S. 25
Seitenwandbelastung eines Flüssigkeitsbehälters. Der Druck in einer Flüssigkeit breitet sich nach allen Seiten hin gleichmäßig aus.

Selbsthemmung (self-locking) S. 11
In der Statik die Bezeichnung für einen Vorgang, bei dem ein System ohne Krafteinwirkung zur Ruhe kommt oder durch Krafteinwirkung nicht bewegt werden kann.
Beispiele:
a) Beim Schraubgetriebe (z.B. Wagenheber) hält nach einem Hub die Reibung im Schraubengewinde allein die Last auf der erreichten Hubhöhe. Selbsthemmungsbedingung: Reibungswinkel $\varrho = \arctan \mu >$ Gewindesteigungswinkel α (gilt auch für Spindelpressen und schiefe Ebenen).
b) Manche Band- oder Backenbremsen halten die Bremsscheibe ohne zusätzliche Bremskraft fest, wenn bestimmte geometrische Bedingungen bei den Konstruktionsmaßen erfüllt sind.

Spannungsarten (stress classes) S. 28
Unterscheidung der im Querschnitt eines belasteten Bauteils wirkenden mechanischen Spannung σ und τ in N/mm² nach Ursache und Richtung.
Die Normalspannung σ, hervorgerufen durch die Normalkraft F_N, steht rechtwinklig auf der Querschnittsfläche.

Die Schubspannung τ, hervorgerufen durch die Querkraft F_q, liegt in der Querschnittsfläche.

Spurzapfen (pin) S. 10
Konstruktiv als Lagerung (Längslager) ausgebildetes Wellenende, das Axialkräfte aufnehmen soll.
Die Reibungszahlen μ für Spur- und Tragzapfenlagerung (Quer- und Längslager) werden aus Versuchen bestimmt.

Statik (statics) S. 1-12
Die Statik ist die Lehre von den Bedingungen, unter denen die am sogenannten starren Körper wirkenden Kräfte Gleichgewicht ($v = 0$) sichern.
Beispiel: Um die Stützkräfte (Lagerkräfte) an einer Getriebewelle berechnen zu können, muss man wissen, wie die drei rechnerischen Gleichgewichtsbedingungen aussehen ($\Sigma F\text{x} = 0$, $\Sigma F\text{x} = 0$, $\Sigma M = 0$) und anzusetzen (Körper freimachen) sind.

Stoß (impact) S. 19
Physikalischer Vorgang, wenn sich zwei Körper während eines sehr kleinen Zeitabschnitts Δt berühren und dabei ihren Bewegungszustand ändern.

Stützträger (support beam) S. 34
Bezeichnung aus der Statik für alle Maschinenelemente oder sonstige Bauteile, die beidseitig gelagert sind.

T

Tangentialkraft F_a (tangential force) S. 19
Die in Richtung der Tangente an einen zylinderförmigen Körper (Welle, Zahnrad, Walze) wirkende Kraft oder Kraftkomponente.

Torsion (torsion) S. 29, 50
Grundbeanspruchungsart, bei der zwei benachbarte Querschnitte durch ein Torsionsmoment M_T gegeneinander verdreht werden (typische Wellenbeanspruchung).
Das Torsionsmoment M_T erzeugt im Querschnitt die Torsionsspannung τ_t.

Torsionshauptgleichung (torsional principal equation) S. 29
Mathematischer Zusammenhang zwischen den Größen Torsionsmoment M_T in Nmm, polares Widerstandsmoment W_p in mm^3 und Torsionsspannung τ_t in N/mm^2.

Torsionsmoment M_T (torsional moment) S. 29
Statische Größe (Kräftepaar) im inneren Kräftesystem (Einheit Nm oder Nmm), die Torsionsspannungen τ_t (Schubspannungen) hervorruft.

Torsionsspannung τ_t (torsion stress) S. 29
Vom Querschnitt einer Welle aufzunehmende Kraft je Flächeneinheit in N/mm^2 bei der Beanspruchungsart Torsion.

Die Randfasern der Welle erhalten die stärkste Beanspruchung, die Wellenachse ist spannungsfrei, sie bleibt unverformt (lineare Spannungsverteilung). Zweckmäßig sind daher Hohlwellen (Leichtbau).

Trägheitsgesetz (law of inertia) S. 31
Jeder Körper beharrt im Zustand der Ruhe oder der gleichförmig geradlinigen Bewegung, solange keine (resultierende) Kraft auf ihn einwirkt.
Diese Körpereigenschaft heißt Trägheit oder Beharrungsvermögen. Das Gesetz wird nach dem englischen Physiker und Begründer der Mechanik Isaac Newton (1642–1726) auch als erstes Newton'sches Axiom (Trägheitsaxiom) bezeichnet.
Beispiel: Ein in Luft fallender Körper bewegt sich dann gleichförmig in Richtung des Erdmittelpunkts, wenn der senkrecht nach oben gerichtete Luftwiderstand F_w genau so groß ist, wie die nach unten gerichtete Gewichtskraft F_G. Dann ist die Summe aller am Körper angreifenden Kräfte F gleich null: $\Sigma F = + F_w - F_G = 0$, also ist auch die resultierende Kraft $F_r = 0$.

Trägheitsradius *i* (radius of inertia) S. 31
In der Festigkeitslehre die Wurzel des Quotienten aus dem axialen Flächenmoment I in mm^4 und der Querschnittsfläche A in mm^2.
Für häufig gebrauchte Querschnittsformen und Profilstähle in Tabellen angegeben, z.B. für den Kreisquerschnitt $i = d/4$.
In der Dynamik ist i die Wurzel des Quotienten aus dem Trägheitsmoment J in kgm^2 und der Masse m in kg:
$i = \sqrt{J/m}$ in m.

Trägerarten (kinds of beam) S. 34
In der Technik gebräuchliche Bezeichnung für meist biegebeanspruchte Bauteile.
Man unterscheidet Freiträger und Stützträger. Freiträger sind alle einseitig befestigten, tragenden Bauteile, z.B. angeschweißte, geschraubte oder genietete Konsolbleche. Stützträger sind alle zwei- oder mehrfach an den Trägerenden gelagerte Achsen oder Wellen. Kragträger sind Stützträger, die mit einem oder mit beiden Enden über die Lagerstelle hinausragen.

Tragzapfen (pivot) S. 10
Konstruktiv als Lagerung (Längslager) ausgebildetes Wellenende, das Radialkräfte aufnehmen soll.
Die Reibungszahlen μ für Trag- und Spurzapfenlagerung (Längs- und Querlager) werden aus Versuchen bestimmt.

U

Überlagerungsprinzip (superposition principle) S. 21
Häufig angewendetes Verfahren zur Analyse und Ermittlung resultierender Wirkungen bei zusammengesetzten Vorgängen oder Zuständen (Super positionsverfahren).

Beispiel 1: Überlagerung von skalaren Größen: Ist die Durchbiegung eines Biegeträgers unter der Belastung mehrerer Einzelkräfte zu berechnen, ermittelt man die Durchbiegung durch jede Einzellast und addiert die ermittelten Beträge zur resultierenden Gesamtdurchbiegung.
Beispiel 2: Überlagerung von vektoriellen Größen: Ist die Momentangeschwindigkeit v eines Körpers beim schrägen Wurf zu berechnen, ermittelt man die Geschwindigkeit des Körpers in waagerechter Wurfrichtung v_x und in senkrechter Richtung v_y und addiert beide geometrisch zur resultierenden Geschwindigkeit v.

Übersetzung *i* (transmission) S. 15
Quotient (Verhältnis) von Antriebsdrehzahl n_{an} eines Getriebes zur Abtriebsdrehzahl n_{ab} (Übersetzungsverhältnis): $i = n_{an} / n_{ab} = \omega_{an} / \omega_{ab}$ (ω= Winkelgeschwindigkeit).
Beachte: Die Drehzahlen n (Winkelgeschwindigkeiten ω) eines Getriebes verhalten sich umgekehrt wie die Baugrößen.

Umfangsgeschwindigkeit v_u (circumferential speed) S. 14
Geschwindigkeit eines Punktes am Umfang eines rotierenden Bauteils (Rad, Schleifscheibe, Fräser, Bohrer, Lagerzapfen): $v_u = \pi\, d\, n$ in m/s, mit Durchmesser d in m, Drehzahl n in s^{-1}.
Für Rechnungen an Werkzeugmaschinen mit umlaufendem Werkstück oder Werkzeug wird die Umfangsgeschwindigkeit als Schnittgeschwindigkeit v bezeichnet. Man rechnet meist mit Zahlenwertgleichungen. Für Drehmaschinen, Fräsmaschinen usw.: $v = \pi\, d\, n / 1000$ in m/min; für Schleifscheiben: $v = \pi\, d\, n / 60000$ in m/s, mit d in mm und n in $\min^{-1}$.

V

Verdrehwinkel φ (torsion angle) S. 29
Vom eingeleiteten Torsionsmoment M_T und der Torsionsstablänge l in mm^2 abhängige Formänderungsgröße bei Torsionsbeanspruchung.
Die Gleichungen zeigen, dass φ unabhängig von der Stahlgüte ist, denn G ist für alle Stahlsorten gleich groß.

Vergleichsmoment M_v (comparison moment) S. 33
Für die zusammengesetzte Beanspruchung Biegung und Torsion entwickelte Momentenbeziehung zur Vereinfachung der Berechnung:

$$M_v = \sqrt[3]{M_b^2} + 0{,}75\left(\alpha_0 M_T\right)^2 .$$

Mit M_v in Nmm lässt sich der erforderliche Wellendurchmesser d_{erf} in mm berechnen.

W

Waagerechter Wurf (horizontal throw) S.15
Bewegungsablauf eines horizontal abgestoßenen Körpers ohne Berücksichtigung des Luftwiderstands.

Wärmespannung σ_ϑ (heat stress) S. 28
Mechanische Normalspannung in N/mm^2, die durch eine Temperaturänderung $\Delta T = \vartheta_2 - \vartheta_1$ (Temperaturdifferenz) in eingespannten Bauteilen auftritt: $\sigma_\vartheta = \alpha_l\, \Delta T\, E$, mit Längenausdehnungskoeffizient α_l und Elastizitätsmodul E.
Die Gleichung zeigt, dass σ_ϑ unabhängig von den Abmessungen des Bauteils ist.

Widerstandsmoment W (section modulus) S. 29, 35, 42
Geometrische Rechengröße für Festigkeitsberechnungen bei Biegung, Knickung und Torsion.
W ist der Quotient aus dem jeweiligen Flächenmoment I des Querschnitts und dem äußeren Randfaserabstand e von der Querschnittsachse ($W = I / e$). Entsprechend unterscheidet man zwischen axialen (W_a) und polaren (W_p) Widerstandsmomenten. Wie für die Flächenmomente I sind auch für die Widerstandsmomente W Berechnungsgleichungen für technisch wichtige Querschnittsformen entwickelt und in Tabellen zusammengestellt worden.

Wirkungsgrad η (work ratio factor) S. 17, 19, 24
In einem technischen Vorgang das Verhältnis aus Nutzarbeit W_n (oder Nutzleistung P_n) und aufgewendeter Arbeit W_a (oder Leistung P_a).
Die bei jedem Vorgang unvermeidliche Reibungsarbeit wird in Wärme umgewandelt, die zu einem größeren oder kleineren Teil für den eigentlichen Zweck verloren geht. Daher gilt immer: $\eta < 1$. Der Gesamtwirkungsgrad η_{ges} einer Maschine, einer Anlage oder eines physikalischen Vorgangs ist das Produkt der Einzelwirkungsgrade.
Beispiele für Wirkungsgrade:
Gleitlager: $\eta = 0{,}98$; Verzahnung: $\eta = 0{,}98$;
E-Motor: $\eta = 0{,}9$; Ottomotor: $\eta = 0{,}27$.

Z

Zahnradgrößen (gear sizes) S. 15
Genormte geometrische Größen wie Durchmesser und Winkel am Stirnzahnrad mit Evolventenverzahnung.
Die Evolventenzahnform entsteht als Kurve, die der Wälzpunkt C beim Abwälzen der Eingriffslinie EL auf dem Grundkreis beschreibt.

Zentrales Kräftesystem (central force system) S. 1
In der Statik die an einem Bauteil angreifenden Kräfte, deren Wirklinien sich in einem gemeinsamen Angriffspunkt schneiden.
Solche Kräftesysteme sind dann im Gleichgewicht, wenn zwei Gleichgewichtsbedingungen erfüllt sind: $\Sigma F_x = 0$, $\Sigma F_y = 0$.

Zentripetalkraft F_z (centripetal force) S. 20
Zum Mittelpunkt einer Bogenbahn (z.B. Kreisbogen) gerichtete Beschleunigungskraft $F_z = m\, r_s\, \omega^2$ in N, mit Masse m in kg, Radius der Schwerpunktsbahn r_s in m, Winkelgeschwindigkeit ω in s^{-1}.
Die entgegengesetztgerichtete gleichgroße Kraft heißt Fliehkraft oder Zentrifugalkraft.
Die Zentripetalkraft F_z ist nach dem dynamischen Grundgesetz die Ursache für die Zentripetalbeschleunigung $a_z = r_s\, \omega^2$ in m/s^2.

Zugbeanspruchung (tensile stress) S. 28
In der Festigkeitslehre eine der 5 Grundbeanspruchungsarten, bei der durch das äußere Kräftesystem zwei benachbarte Querschnitte des beanspruchten Bauteils voneinander entfernt werden: der Stab wird verlängert.

Zughauptgleichung (tensile principle equation) S. 28
Quotient aus der auf ein Bauteil wirkenden Normalkraft F_N und der Querschnittsfläche A: Zugspannung $\sigma_z = F_N/A$ in N/mm^2.

Zweigelenkstäbe (two-hinged bar) S. 4
In der Statik Bezeichnung für alle Bauteile, die an nur zwei Punkten gelenkig mit Nachbarbauteilen verbunden sind und auch nur dort Kräfte aufnehmen.
Die Gelenke werden als reibungsfrei angesehen, so dass die Bauteile (Stäbe genannt) nur Zug- oder Druckkräfte aufnehmen können. In diesem Sinn sind Fachwerke aus Zweigelenkstäben aufgebaut. Die Form der Stäbe hat dabei keinen Einfluss, sie können gerade oder gekrümmt sein.

Zweiwertiges Lager (two-valued bearing) S. 2
Bauart einer Lagerung, die eine beliebig gerichtete Kraft F, jedoch kein Kraftmoment M aufnehmen kann.
Da man die beliebig gerichtete Kraft F in einem rechtwinkligen Koordinatensystem in zwei rechtwinklig aufeinander stehende Komponenten F_x und F_y zerlegen kann, spricht man von zweiwertiger Lagerung. Wellen sollen Drehmomente weiterleiten und Zahnrad- oder Riemenkräfte über Wälz- oder Gleitlager auf das Gehäuse übertragen. Eins der beiden Lager ist konstruktiv als Festlager (zweiwertiges Lager), das andere als Loslager (einwertiges Lager) ausgebildet.

Sachwortverzeichnis

Sachwortverzeichnis